高等职业教育测绘地理信息类规划教材

数字测图

主　编　陈　帅　张笑蓉
副主编　乔林全　李笑娜
主　审　杜玉柱

武汉大学出版社

图书在版编目(CIP)数据

数字测图/陈帅,张笑蓉主编.—武汉:武汉大学出版社,2024.7
高等职业教育测绘地理信息类规划教材
ISBN 978-7-307-24404-7

Ⅰ.数… Ⅱ.①陈… ②张… Ⅲ.数字化测图—高等职业教育—教材 Ⅳ.P231.5

中国国家版本馆 CIP 数据核字(2024)第 100518 号

责任编辑:史永霞　　责任校对:杨　欢　　版式设计:马　佳

出版发行:武汉大学出版社　(430072　武昌　珞珈山)
(电子邮箱:cbs22@whu.edu.cn 网址:www.wdp.com.cn)
印刷:湖北诚齐印刷股份有限公司
开本:787×1092　1/16　印张:12　字数:245 千字　插页:1
版次:2024 年 7 月第 1 版　　2024 年 7 月第 1 次印刷
ISBN 978-7-307-24404-7　　定价:39.00 元

版权所有,不得翻印;凡购买我社的图书,如有质量问题,请与当地图书销售部门联系调换。

前　言

本教材体现了我国最新职业教育相关文件精神,适应全国高职高专、测绘地理信息行业改革与发展的需要,结合测绘地理信息类专业的人才培养方案及本课程的教学大纲组织编写而成。

本教材贯彻了2020年10月13日中共中央、国务院印发的《深化新时代教育评价改革总体方案》关于职业教育评价的要求,同时认真落实了二十大报告中提出的关于职业教育的指示精神"统筹职业教育、高等教育、继续教育协同创新,推进职普融通、产教融合、科教融汇,优化职业教育类型定位",是一本集专业教育、课程思政于一体的行业规划教材。本教材以学生能力培养为主线,重点介绍数字测图基础、数字测图系统、数字测图控制测量、数字测图数据获取、数字地形图绘制、数字测图质量控制与技术总结、数字地形图的应用等。目的在于让学生掌握数字测图的基本概念和原理,能熟练使用全站仪和GNSS进行数据采集及编绘成图,能熟练应用CASS软件进行土方量计算,达到与职业岗位能力的无缝衔接。本教材在内容上力求突出实用性和通用性,做到理论知识适度、够用、通俗易懂;在构思上加强实践性和创新性,突出知识的应用能力,是一套理论联系实际、教学面向生产的精品教材。

需要特别说明的是,基于本教材我们配套建设了在线精品开放课程,并融入了线上各类数字资源,形成线上线下混合式教学模式,丰富了教材内容,体现了课程延展性,增加了学生学习和教师授课的灵活性,详见智慧树网站"'数字测图'在线精品开放课程"(https://coursehome.zhihuishu.com/coursesHome/1000075384#teachTeam),欢迎各院校广大师生积极登录学习。

本教材的编写人员具有丰富的测绘实践经验和多年的教学经验。本教材由陈帅、张笑蓉担任主编,由乔林全、李笑娜担任副主编。编写人员及分工如下:山西水利职业技术学院陈帅编写项目7;山西水利职业技术学院张笑蓉编写项目6;晋中职业技术学院乔林全编写项目5;石家庄铁路职业技术学院李笑娜编写项目2;山西水利职业技术学院刘璐编写项目3;山西水利职业技术学院张艳华编写项目4;山西水利职业技术学院庞鑫编写项目1;广州南方测绘科技股份有限公司山西临汾分公司丁强参与本书的编写工作并提供了真实的案例。本书由山西水利职业技术学院陈帅完成全书统稿,山西水利职业技术学院杜玉柱担任主审。

限于编者的水平和经验,书中难免会有欠妥之处,敬请专家、同行和读者批评指正。

编者
2024年3月

目 录

项目1 数字测图基础 ……………………………………………………………… (1)
  任务1.1 数字测图岗位分析 …………………………………………………… (1)
  任务1.2 认识数字测图 ………………………………………………………… (4)
    1.2.1 数字测图的有关概念 ……………………………………………… (4)
    1.2.2 数字地图 …………………………………………………………… (7)
    1.2.3 数字测图技术展望 ………………………………………………… (10)

项目2 数字测图系统 ……………………………………………………………… (14)
  任务2.1 数字测图基本原理 …………………………………………………… (14)
    2.1.1 数字测图的有关概念 ……………………………………………… (15)
    2.1.2 地形图描述 ………………………………………………………… (17)
  任务2.2 数字测图系统 ………………………………………………………… (22)
    2.2.1 数字测图系统的基本组成 ………………………………………… (22)
    2.2.2 数字测图硬件系统 ………………………………………………… (25)

项目3 数字测图控制测量 ………………………………………………………… (59)
  任务3.1 大比例尺数字测图控制技术设计 …………………………………… (59)
    3.1.1 概述 ………………………………………………………………… (59)
    3.1.2 控制网布设的基本形式及精度估算 ……………………………… (60)
    3.1.3 在技术设计中应注意的若干问题 ………………………………… (62)
    3.1.4 技术设计编制的步骤和方法 ……………………………………… (64)
    3.1.5 控制网的选点与埋石 ……………………………………………… (65)
  任务3.2 图根控制测量 ………………………………………………………… (67)
    3.2.1 全站仪三维导线布设和施测 ……………………………………… (67)
    3.2.2 一步测量法、辐射法和支站法 …………………………………… (74)
    3.2.3 导线平差计算 ……………………………………………………… (76)

项目4 数字测图数据获取 ………………………………………………………… (78)
  任务4.1 全站仪数据采集 ……………………………………………………… (78)
    4.1.1 操作步骤 …………………………………………………………… (78)
    4.1.2 准备工作 …………………………………………………………… (79)
    4.1.3 设置测站点和后视点 ……………………………………………… (80)
    4.1.4 进行待测点的测量 ………………………………………………… (81)

任务 4.2　RTK 数据采集 …………………………………………………… (83)
　　4.2.1　外业准备工作 …………………………………………………… (84)
　　4.2.2　外业作业过程 …………………………………………………… (84)
任务 4.3　三维激光扫描仪数据采集 …………………………………………… (92)
　　4.3.1　三维激光扫描仪理论基础 ……………………………………… (92)
　　4.3.2　点云数据处理 …………………………………………………… (94)
　　4.3.3　三维激光扫描仪数据采集实例 ………………………………… (97)
　　4.3.4　三维激光扫描技术的应用 ……………………………………… (104)

项目 6　数字地形图绘制 ……………………………………………………… (110)
任务 5.1　数据传输及预处理 …………………………………………………… (110)
　　5.1.1　全站仪数据导出 ………………………………………………… (110)
　　5.1.2　RTK 数据导出 …………………………………………………… (112)
任务 5.2　内业成图软件介绍 …………………………………………………… (113)
　　5.2.1　CASS 9.0 软件简介 ……………………………………………… (113)
　　5.2.2　CASS 9.0 的操作界面 …………………………………………… (118)
　　5.2.3　CASS 9.0 的参数设置 …………………………………………… (118)
任务 5.3　平面图的绘制 ………………………………………………………… (119)
　　5.3.1　测点点号定位成图法 …………………………………………… (119)
　　5.3.2　坐标定位成图法 ………………………………………………… (123)
任务 5.4　等高线的绘制与编辑 ………………………………………………… (126)
　　5.4.1　等高线的绘制 …………………………………………………… (126)
　　5.4.2　等高线的编辑 …………………………………………………… (130)
任务 5.5　数字地形图的注记 …………………………………………………… (134)
　　5.5.1　"地物编辑"菜单介绍 …………………………………………… (134)
　　5.5.2　注记 ……………………………………………………………… (135)
任务 5.6　数字地形图的整饰与输出 …………………………………………… (138)
　　5.6.1　图形分幅与图幅整饰 …………………………………………… (138)
　　5.6.2　绘图输出 ………………………………………………………… (140)

项目 6　数字测图质量控制与技术总结 …………………………………… (142)
任务 6.1　数字测图检查验收与评定 …………………………………………… (142)
　　6.1.1　大比例尺数字测图质量要求 …………………………………… (142)
　　6.1.2　数字测图过程质量控制 ………………………………………… (145)
　　6.1.3　数字测图成果检查与评定 ……………………………………… (147)
任务 6.2　数字测图技术总结 …………………………………………………… (151)
　　6.2.1　技术总结的目的 ………………………………………………… (151)

6.2.2　技术总结的程序和方法 ·· (152)
　　6.2.3　技术总结的主要内容 ·· (152)
项目 7　数字地形图的应用 ·· (155)
　任务 7.1　数字地面模型的建立与应用 ·· (155)
　　7.1.1　概述 ·· (155)
　　7.1.2　数字地面模型的建立 ·· (158)
　　7.1.3　数字地面模型的应用 ·· (161)
　任务 7.2　基本几何要素的量测 ··· (165)
　　7.2.1　求图上任一点坐标 ··· (166)
　　7.2.2　求两点间距离与方位角 ··· (166)
　　7.2.3　求一曲线长 ··· (167)
　　7.2.4　求面积 ·· (167)
　　7.2.5　计算表面积 ··· (167)
　任务 7.3　断面图的绘制 ·· (168)
　　7.3.1　根据已知坐标生成断面图 ·· (168)
　　7.3.2　根据里程文件生成断面图 ·· (170)
　　7.3.3　根据等高线生成断面图 ··· (172)
　　7.3.4　根据三角网生成断面图 ··· (173)
　任务 7.4　土方的计算 ·· (174)
　　7.4.1　DTM 法土方计算 ·· (174)
　　7.4.2　断面法土方计算 ··· (176)
　　7.4.3　方格网法土方计算 ··· (178)
　　7.4.4　等高线法土方计算 ··· (179)
　　7.4.5　区域土方量平衡 ··· (180)
参考文献 ··· (183)

项目 1　数字测图基础

📝 教学目标

本项目首先指出了数字测图课程在工程测量技术专业所有课程中的位置,明确学生学习需要达到的知识目标、能力目标及素质目标;紧接着对课程内容进行详细梳理,并对具体内容进行岗位分析;最后要求学生学习本课程时必须重视实际操作训练。本项目能使学生对课程有整体了解,为进一步学习课程内容做好准备。

📖 思政目标

由经纬仪、全站仪与 RTK 等地面测量技术,到无人机低空摄影测量技术,再到卫星航天摄影测量技术,数字测图技术的应用在我国已逐步成熟。新技术的普遍应用、计算机技术的不断发展、测绘仪器的不断更新,将会把数字测图技术推向新的高潮,希望学生抓住社会高质量发展机遇,积极投身到我国新型基础测绘体系和实景三维中国的建设中。

数字测图课程是工程测量技术专业的核心课程。通过本项目的学习,学生可了解数字测图课程的意义,明确课程学习的各项目标,掌握数字测图的相关概念,为学习后续专业课程打下坚实基础。

任务 1.1　数字测图岗位分析

◎ 思考

1. 数字测图的教学目标是什么?
2. 数字测图课程包含的内容有哪些,对应解决哪些方面的问题?

本任务以学生就业为导向,在行业专家的指导下,对数字测图中野外数据采集和计算机地图编绘等专业化方向所涵盖的工程测量过程进行岗位任务和职业能力分析，倡导学生在项目活动中学会数字测图技术的基本概念和技能，培养学生初步具备专业测量过程中所需要的基本职业能力。

数字测图课程为高职工程测量技术专业的核心课程之一，学习该课程是工程测量技术专业能力培养的重要组成部分。

下面将从课程定位、教学目标以及岗位分析三方面对数字测图课程进行介绍。

岗位分析

1. 课程定位

数字测图课程是工程测量技术专业的必修课，通过对行业、企业生产一线测绘岗位进行深入调研与分析，采用校企合作方式，基于职业标准和工作过程开发的集大比例尺数字地形测绘及应用的教、学、做于一体的课程。

数字测图以数字的形式表达地形特征点的集合形态，具有自动化、数字化、低强度、高效率和高精度等特点，成为目前大比例尺地形图测绘的主要方法。其主要任务是使学生系统地了解并掌握数字测图的基本知识、基本原理、基本概念和基础理论，具备熟练使用全站仪、RTK、无人机、三维激光扫描设备等硬件系统进行外业控制数据采集、数据传输和使用CASS、SouthMap等计算机绘图软件编绘地图的能力。其主要目标是让学生能够进行数据转换、数据输出，满足工程测量技术专业大比例尺数据和精准数据来源的要求，为学生顶岗就业夯实基础，培养学生应用技术知识的能力，提高学生的专业素质，培养学生的创新意识并为后续学习其他课程做前期准备。

数字测图课程在工程测量技术专业的所有课程中起着承前启后的作用，如图 1-1 所示，它的先修课程一般为测量学基础、测绘 CAD、计算机基础等，后续课程一般为测量平差、工程测量、变形监测等。

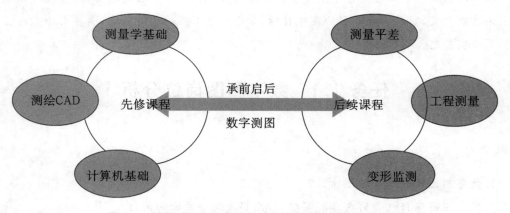

图 1-1　数字测图在工程测量技术专业所有课程中的位置

2. 教学目标

由于课程的特殊性,需要明确以下目标。

(1)知识目标:了解数字测图的基本知识;掌握数字测图的方法、要求、内容及工作流程;了解应用测量规范对成果进行质量控制的方法。

(2)能力目标:能独立完成数字测图技术设计工作;熟练操作仪器进行数据采集;利用绘图软件进行地形图绘制;能正确应用数字地形图。

(3)素质目标:遵守职业道德规范,吃苦耐劳,诚实守信;具备团队合作精神和协调能力,善于沟通交流,能灵活处理生产中遇到的实际问题;具备自主学习能力和创新能力,能将新技术、新方法和新工艺应用到实际工作中。

3. 岗位分析

以高职高专工程测量技术专业的学生就业为导向,在行业专家的指导下,对数字测图中野外数据采集和计算机地图编绘等专门化方向所涵盖的工程过程进行岗位任务和职业能力分析,以实际工作任务为引领,以测量对象中涉及的专业知识与技能为课程主线,以各专门化方向应共同具有的岗位职业能力为依据,结合学生的认知特点,采用递进与并列相结合的结构来展现教学内容。

数字测图课程共划分为 7 个教学项目,如图 1-2 所示,分别为课程导入、数字测图系统、数字测图控制、数字测图数据获取、数字地形图绘制、数字测图质量控制与技术总结、数字地形图的应用等,并对相应项目进行岗位分析。

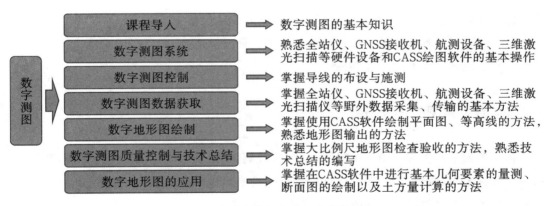

图 1-2 数字测图课程的 7 个教学项目

根据岗位分析,要学好数字测图,必须重视理论联系实际的学习方法。在学习过程中,除课堂上认真听讲、学习理论外,还要参加与理论教学相对应的实训课和教学实习。在掌握课堂讲授内容的同时,认真完成每一堂实训课的实训内容,以巩固和验证所学理论。课后要求完成思考题的内容,以加深对基本概念和理论的理解,要自始至终完成各项学习任务。在条件允许的情况下,应使用指导教师提供的数字测图相关的多媒体技术进行学习,在指导教师的安排下组织开展一些与本课程相关的专题参观或调研,了解新理论、新技术、新设备在本课程中的应用。

在本课程的学习过程中,应注重实际操作能力的培养,教学实习是巩固和深化课堂所学知识的一个系统的实践环节,是理论知识和实验技能的综合运用,因此掌握数字测图的基本理论、基本知识、基本技能,建立地形数据的采集、数据处理和成图、成果和图形输出的完整概念是非常必要的。

在完成课堂实训课和教学实习后,必须加强本课程综合应用能力的培养,在指导教师的组织安排下,按生产现场的作业要求拟定实践任务或参加教学生产实习。将大比例尺数字测图中地形数据的采集、数据处理和成图、成果和图形输出等环节的操作过程衔接起来,掌握每一个环节的作业方法和步骤,完成大比例尺数字测图作业的全过程。理论联系实际的综合训练,可培养学生分析问题和解决问题的能力以及实际动手能力,为今后从事测绘工作打下良好基础。

任务 1.2　认识数字测图

◎ 思考

1. 数字测图的概念是什么?数字测图有哪些优势?
2. 传统地图、数字地图及电子地图之间有什么区别?
3. 数字地图与纸质地图的区别体现在哪些方面?
4. 数字地图的获取方式有哪些?

1.2.1　数字测图的有关概念

传统的数字测图称为图解法测图,也叫白纸测图,是利用测绘仪器对地球表面局部区域内的各种地物、地貌特征点的空间位置(也就是平面坐标和高程)进行测定,并以一定的比例尺按图示符号将其绘制在图纸上。(见图 1-3)

20 世纪 80 年代产生了电子全站仪和 GPS 及电子数据终端,并逐步构成了野外数据采集系统。同时,测绘科技人员将其与内业机助制图系统相结合,形成了从野外数据采集到内业成图全过程数字化和自动化的测量制图系统,这种测图方式被称为野外数字测图或地面数字测图(简称数字测图)。

图 1-3 图解法测图

数字测图实质上是一种全解析机助测图方法,在地形测绘发展过程中,它是一次根本性的技术变革。这种变革主要体现在:图解法测图的最终成果是地形图,图纸是地形信息的唯一载体;数字测图地形信息的载体是计算机的存储介质(磁盘或光盘),其提交的成果是可供计算机处理、远距离传输、多方共享的数字地形图数据文件,通过数控绘图仪可输出数字地形图。

广义地讲,制作以数字形式表示的地图的方法和过程就是数字测图,主要包括地面数字测图、地图数字化成图、数字摄影测量与遥感数字测图等。

狭义的数字测图指地面数字测图。目前,数字测图技术得到了突飞猛进的发展,并以高自动化、全数字化、高精度的显著优势逐步取代了传统的手工图解法测图方式。(见图 1-4)

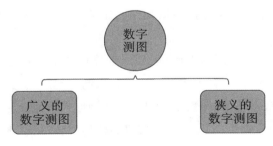

图 1-4 数字测图

地图的定义为:以地图学理论为指导,按一定的数学法则,将空间事物经地图综合后形成的空间信息运用地图语言存储于平面上的图形。

地图主要有 3 种形式,如图 1-5 所示,分别为传统地图、数字地图、电子地图。

图 1-5　地图的 3 种形式

1) 传统地图

传统地图是按照一定数学法则,用规定的图式符号和颜色,把地球表面的自然和社会现象,有选择性地缩绘在平面图纸上的图,如普通地图、专题地图、各种比例尺地形图、影像地图、立体地图等。

传统地图还包括各种专题地图,如粤港澳大湾区区域图,主要包括香港特别行政区、澳门特别行政区和广东省广州市、深圳市、珠海市、佛山市、惠州市、东莞市、中山市、江门市、肇庆市等(称为珠三角九市),总面积 5.6 万平方公里,是中国开放程度最高、经济活力最强的区域之一,在国家发展大局中具有重要战略地位。

2) 数字地图

数字地图是以数字形式存储全部地形信息的地图,是用数字形式描述地形要素的属性、定位和关系信息的数据集合,是存储在具有直接存取性能的介质上的关联数据文件。

3) 电子地图

电子地图是将绘制地形图的全部信息存储在设计好的数据库中,经绘图软件处理,可在屏幕上将需要的地形图显示出来,用这种方式来阅读的地图称为电子地图。数字地图是电子地图的基础,电子地图是经视觉化处理后的数字地图。电子地图的用途非常广泛。我们经常用到的高德地图、百度地图、腾讯地图等,均属于电子地图。

数字地图的载体是计算机的存储介质(磁盘或光盘),其提交的成果是可供计算机处理、远程传输、多方共享的数字地形图数据文件。如果使用打印机或绘图仪,则可以在印刷介质上输出相应的地形图。

电子地图的优点是直接在屏幕上阅读,利用计算机技术可将地形图放大或缩小,用漫游功能可阅读任意区域的内容,且不受图幅边界的限制。地形图全部信息的存储是用数字方式实现的,因而称为数字地图,即数字地图是以数字形式存储全部地形信息的地图,是用数字形式描述地图要素的属性、定位和关系信息的数据集合,用以表达地物、地貌特征点的空间集合形态,是存储在具有直接存取性能的介质(光盘、硬盘等)上的关联数据文件。

简单来说,电子地图就是数字地图,数字地图是纸质地图的数字化形式,电子地图是数字地图在电子屏幕上的符号化显示。电子地图与数字地图的根本区别是地图要素的符号化处理与否。数字地图更偏向研究方面,是地图信息数字化显示在屏幕上,可供数字化分析、处理和输出;电子地图是数字地图的制图结果,更偏向于服务应用方面,界面美观清晰,颜色协调。

1.2.2 数字地图

数字地图与纸质地图的区别

1. 数字地图与纸质地图的区别

传统的地图是把地理元素按图式符号展绘到白纸(绘图纸或聚酯薄膜)上,称为纸质地图;数字地图是以数字的形式表达和描述地理元素特征的集合形态。二者的区别主要体现在以下几个方面。

1)载体

数字测图与白纸测图的区别

纸质地图的载体是图纸,而数字地图的载体是磁盘等计算机存储介质。

2)表现形式

纸质地图是通过绘制在图纸上的符号、线条、文字等形式来模拟表现地理元素的位置、形状、大小和属性的,而数字地图则是通过数据来加以描述的。

表 1-1 为纸质地图与数字地图关于独立地物、线状地物、面状地物的表现形式的比较图示,可以看到:各种地物在纸质地图中均采用相应地物的简绘图标表示,如路灯、栅栏、花圃的形象表示;这些地物在数字地图中均采用多维坐标表示。如独立地物路灯用三维坐标表示,其中 3521 为路灯的代码,x,y 为路灯的平面坐标;线状地物与面状地物在数字地图上用多维坐标表示,其中 1444 为栅栏代码,2135 为花圃代码,后面的 x_1,y_1,x_2,y_2 等为各特征点的坐标。我们在测公路或者房屋等地物时,一个点并不能将形状、长度、位置、面积等信息完整表示出来,需要选择一些能清楚表示上述地物特征的点,这些点就称为特征点。

表 1-1 数字地图与纸质地图的区别

地 物	纸质地图	数字地图
独立地物(路灯)		$(3521,x,y)$ 3521:路灯代码 x,y 为路灯的平面坐标
线状地物(栅栏)		$(1444,x_1,y_1,x_2,y_2,\cdots)$ 1444:栅栏代码 x_i,y_i 为特征点坐标
面状地物(花圃)		$(2135,x_1,y_1,x_2,y_2,\cdots)$ 2135:花圃代码 x_i,y_i 为特征点坐标

当然，数字地图中的数据文件格式的定义在不同的软件系统中会有所不同，但基本思路是一致的，这些描述地理元素的数据，会在软件的支持下用图式符号的形式表现出来（显示或绘制），形成电子地图。数据是其根本。

3）管理和维护

纸质地图对应于手工的管理模式，大量的图纸保存在专门设计的柜、架中，查询困难，加上由于图纸不同程度地存在着变形，长期保存和使用必然导致图纸的破损和变形加大；而数字地图则从根本上解决了图纸破损、变形的问题，存储在计算机中的数字地图永不变形。上千张的地图数字化后可存储在一张普通的光盘中，通过文件名任意调用和拼接，更加方便、快捷。此外，为保持地图的现势性，需要对地图经常地修测、补测。对于纸质地图的更新，需要在原图上重新手工修改、绘制，跟踪不及时，更新周期长；对于数字地图来讲，在计算机上增加或删除一地物是非常简单的操作，所以数字地图易于管理和更新。

4）应用

地形图是一个地区最基础的图件资料，用户涉及城建、规划、土地、地质、铁路、电力、电信等诸多部门，这些部门需要地形图，但对其内容的要求不一样，如交通设计部门关心的是地形图中道路及附属设施部分，而规划部门则关心道路交通、建筑物、地下管线等内容。

传统的纸质地图只能给用户提供原图的蓝晒图，用户对图纸的内容、比例尺、绘图区域等无法选择。而数字地图则不然，由于数字地图中地图元素是按编码分类存储和管理的，空间位置数据均为地物的实际坐标值，因此可以为用户提供任意内容、任意比例尺的地图，如把相邻四幅 1∶500 地形图中涉及道路、建筑、水系等内容的图形拼接在一起，按 1∶1000 地形图输出，并且用户可任意指定绘图区域（可以是任意多边形）。所以，数字地图真正做到了多用途服务，可提供各种专题地图。

此外，数字地图还可以直接为用户提供数据文件服务功能，可以为地理信息系统提供基础地理数据。

2. 数字地图的获取

数字地图有纸质地图无法比拟的优越性，常通过如下手段和方法来获取。

1）野外数字化测图

用全站仪、GNSS-RTK 等设备进行实地测量，将野外采集的数据自动传输到电子手簿、磁卡或便携机内记录，并在现场绘制地形（草）图，到室内将数据自动传输到计算机，人机交互编辑后，由计算机自动生成数字地图，并控制绘图仪自动绘制地形图。这种方法是从野外实地采集数据的，又称地面数字测图。由于测绘仪器测量精度高，而电子记录又如实地记录和处理，所以地面数字测图是几种数字测图方法中精度最高的一种，也是城市地区的大比例尺（尤其是 1∶500）测图中最主要的测图方法。

现在,各类建设使城市面貌日新月异,在已建(或将建)的城市测绘信息系统中,多采用野外数字测图作为测量与更新方法,发挥地面数字测图机动、灵活、易于修改的特点,局部测量,局部更新,始终保持地形图的现势性。

2)地图数字化成图

在已进行过测绘工作的测区,有存档的纸质(或聚酯薄膜)地形图,即原图,也称底图。为了使用计算机进行存档和修测,以建立该区的 GIS 或进行工程 CAD,就必须将原图数字化,才能将原图输入计算机。数字化的方法有以下三种。

(1)手扶跟踪数字化。手扶跟踪数字化即用图形数字化仪对原图的地形特征点逐点进行采集,将数据自动传输到计算机,并处理成数字地图。图形数字化仪是一种将图示坐标转换为数字信息的设备。数字化图的精度一般低于原图的精度,尤其当作业员疲劳时,效率低,精度更易受影响。这种方法正逐渐被扫描矢量化取代。

(2)扫描数据矢量化。扫描矢量化即使用扫描仪对原图进行扫描。扫描仪实质是图像(图形)数字化仪,仪器沿 x 方向扫描,沿 y 方向走纸,原图在扫描仪上走一遍,即完成图的扫描数字化。将数据输入计算机,存储、处理,并可再回放成图。扫描数字化速度较快,但获取的仅为栅格数据,一般还要利用矢量化软件进行矢量化处理。

(3)数字摄影测量与遥感数字测图。以航空摄影获取的航空像片作为数据源,即利用对测区进行航空摄影测量获得的立体像对,在解析测图仪上或在经过改装的立体量测仪上采集地形特征点,将其自动传输到计算机内,经过软件处理,自动生成数字地形图,并控制绘图仪绘制地形图。

3. 数字测图的优点

1)测图用图自动化

数字测图使野外测量自动记录、自动结算,使内业数据自动处理、自动成图、自动绘图,并向使用者提供可处理的数字图磁盘,用户可自动提取图、数信息。

2)图形数字化

用磁盘保存的数字地图,存储了图中具有特定含义的数字、文字、符号等各类数据信息,可以很方便地进行传输、处理和供多用户共享。数字地图不仅可以自动提取点位的坐标、两点间的距离、方位以及地块的面积等,还可以供工程规划 CAD 使用和供 GIS 建库使用。数字地图的管理,既节省空间,又操作十分方便。

3)点位精度高

传统的平面白纸测图中,点平面位置的误差主要受图根点的测定误差、展绘误差、视距误差、方向误差以及刺点误差等影响。点平面位置的测定误差在 1∶1000 的地形图上,约为 ± 0.5 mm;经纬仪视距高程法测定地形点高程时,即使在较平坦的地区,视距为 150 m

时,地形点高程测定误差也达到了±0.06 m,而且随着倾斜角的增大,高程测定误差会急剧增大。

用全站仪采集数据,测定地物点在 450 m 内,误差约为±22 mm,测定地形点在 450 m 内,高程误差约为±21 mm。如果距离在 300 m 以内,则测定地物点的误差约为±15 mm,测定地形点的高程误差约为±18 mm。在数字测图中,野外采集的数据的精度与图的比例尺无关。

4)便于成果更新

数字测图的成果是以点的定位信息和属性信息存入计算机的,当实地有变化时,只需输入变化信息的坐标、代码,经过编辑处理,很快便可以得到更新的图,从而可以确保地面的可靠性和现实性。

5)避免因图纸伸缩带来的各种误差

显示在图纸上的地图信息随着时间的推移,会因图纸的变形而产生误差;数字测图的成果以数字信息保存,避免了对图纸的依赖性。

6)能以各种形式输出成果

计算机与显示器、打印机联机时,可以显示或打印各种需要的信息资料,比如,可用打印机打印数据表格;当对绘图的精度要求不高时,可以用打印机打印图形。计算机与绘图仪联机,可以绘制出各种比例尺的地形图、专题图,以满足不同用户的需要。

7)方便成果的深加工利用

数字测图分层存放,可无限存放地面信息,不受图面的限制,从而便于成果的深加工利用,拓宽测绘工作的服务面,开拓市场。

8)可作为 GIS 的重要信息源

地理信息系统(GIS)具有方便的空间信息查询检索功能、空间分析功能以及辅助决策功能。要建立一个 GIS,用在数据采集上的时间和精力约占整个工作的 80%。GIS 要发挥辅助决策的功能,需要现势性强的地理基础信息。数字测图能提供现势性强的地理基础信息,经过一定的格式转换,其成果即可直接进入 GIS 的数据库,同时更新 GIS 的数据库。一个好的数字测图系统应该是 GIS 的一个子系统。

1.2.3 数字测图技术展望

20 世纪 50 年代,美国国防制图局开始研究制图自动化问题,即将地图资料转换成计算机可读的形式,并由计算机处理、存储,继而能自动绘制地形图。这一研究同时也推动了制图自动化全套设备的研制,包括各种数字化仪、扫描仪、数控绘图仪以及各类计算机接口技术等。

20世纪70年代,制图自动化已形成规模生产,美国、加拿大及欧洲各国相继建立了自动制图系统,测绘部门都应用自动制图技术。当时的自动制图系统主要包括数字化仪、扫描仪、计算机及显示系统四部分。当一幅地形图数字化完成后,由绘图仪在透明塑料片上回放出地图,与原始地图叠置,检查数字化过程中产生的错误并加以修正。

20世纪80年代,大比例尺地面数字测图开始发展,全站型电子速测仪的迅猛发展,加速了数字测图的研究与应用,如80年代后期,国际上出现了较优秀的用全站仪采集、电子手簿记录、计算机成图的数字测图系统。此外,数字摄影测量的发展为数字测图提供了各种数字化产品,如数字地形图、专题图、数字地面模型等。

我国是从1983年开始研究数字测图工作的,其发展过程大体上可分为三个阶段。

第一阶段:主要利用全站仪采集数据,用电子手簿记录,人工绘制并标注带测点点号的草图,到室内将测量数据直接由记录器传输到计算机,再由人工按草图编辑图形文件,并键入计算机自动成图,经人机交互编辑修改,最终生成数字地形图,由绘图仪绘制地形图。

第二阶段:仍采用野外测记模式,但成图软件有了实质性的进展。一是开发了智能化的外业数据采集软件;二是计算机成图软件能直接对接收的地形信息数据进行处理。

第三阶段:GNSS-RTK实时动态定位技术(载波相位差分技术)、无人机数字测量系统在开阔地区成为地面数字测图的主要方法。

随着科学技术水平的不断提高和地理信息系统(GIS)的不断发展,全野外数字测图技术将在以下方面得到较快发展。

1. 无线传输技术的应用使得以镜站为中心成为可能

无线数据传输技术应用于全野外数字测图作业中,将使作业效率和成图质量得到进一步提高。目前,生产中采用的各种测图方法所采集的碎部点数据要么存储在全站仪的内存中,要么通过电缆输入电子平板(笔记本电脑)或PDA(掌上电脑)电子手簿。由于不能实现现场实时连线构图,所以必然影响作业效率和成图质量。

为了很好地解决上述问题,在全站仪的数据端口安装无线数据发射装置,它能够将全站仪观测到的数据实时地发射出去。作业时,PDA操作者与立镜者同步,每测完一个点,全站仪的发射装置马上将观测数据发射出去,并被PDA所接收,测点的位置就会在PDA的屏幕上显示出来,操作者根据测点间关系完成现场连线构图,这样就不会因为辨不清测点之间的相互关系而产生连线错误,也不必绘制观测草图进行内业处理,从而实现效率和质量的双重提高。

2. 全站仪与 GNSS-RTK 技术相结合

全野外数字测图技术的另一发展趋势是GNSS-RTK技术与全站仪相结合的作业模

式。GNSS 具有定位精度高、作业效率快、不需点间通视等突出优点。实时动态定位技术(RTK)更使测定一个点的时间缩短为几秒钟,而定位精度可达厘米级。但是在建筑物密集地区,障碍物的遮挡容易造成卫星失锁现象,使 RTK 作业模式失效,此时可采用全站仪作为补充。所谓 RTK 与全站仪联合作业模式,是指在进行测图作业时,对于开阔地区以及便于 RTK 定位作业的地物(如道路、河流、地下管线检修井等)采用 RTK 技术进行数据采集,对于隐蔽地区及不便于 RTK 定位的地物(如电杆、楼房角等),则利用 RTK 快速建立图根点,用全站仪进行碎部点的数据采集。这样既可免去常规图根导线测量,同时又有效地控制了误差的积累,提高了全站仪测定碎部点的精度。最后将两种仪器采集的数据整合,形成完整的地形图数据文件,在相应软件的支持下,完成地形图(地籍图、管线图等)的编辑整饰工作。该作业模式的最大特点是在保证作业精度的前提下,可极大地提高作业效率。

随着 GNSS 的普及、硬件价格的降低和软件功能的不断完善,GNSS 与全站仪相结合的数字测图作业模式已得到了迅速发展。

3. GIS 前端数据采集

随着地理信息系统的不断发展,GIS 的空间分析功能将不断完善,作为 GIS 的前端数据采集手段的数字测图技术,必须更好地满足 GIS 对基础地理信息的要求。因此,规范化的数字测图系统(包括科学的编码体系,标准的数据格式,统一的分层标准和完善的数据转换、交换功能)将会受到作业单位的普遍重视。

近几年,我国城市地理信息系统建设的势头迅猛,GIS 的建立离不开空间数据和数据的更新。没有数据,GIS 不可能建立;有了数据,若不能随大地日新月异的变化而及时更新,GIS 就会失去生命力。数字地(形)图及其更新是建立 GIS 最基础、工作量最大的工作。在各类土木工程建设中,工程设计所使用的地形图显示于屏幕上,在交互式计算机图形系统的支撑下,工程设计人员可直接在屏幕上进行方案设计、比较和选择等。完整的土木工程 CAD 技术,离不开数字化的地形图。

因此,传统的大比例尺测图方法必然要经历一场不可避免的革命性变化,变革最基本的目标就是数字化、自动化(智能化)。

4. 数字测图系统的高度集成化是必然趋势

大比例尺数字测图的美好未来发展创造需求,需求指引发展,测图系统的集成是必然趋势。

GNSS 和全站仪相结合的新型全站仪已被用于多种测量工作,掌上电脑和全站仪的结合或者全站仪自身的功能在不断完善。如果全站仪无反射棱镜测量技术进一步发展,且测量精度达到测量标准要求,则测量工作只需携带一台新型全站仪和一个三脚架,而操作员也只需要一人。

随着科技的进一步发展,将来的大比例尺测图系统将无须全站仪和三脚架。操作员工作帽上将安装 GNSS 接收器以及激光发射和接收器,用于测距和测角;眼前搭载小巧玲珑的照准镜,手握带握柄的掌上电脑,以处理数据、显示图形;腰挂无线数据传输器,将测得的数据实时传送回测量中心,测量中心则收集各个测区的测量数据,生成整体大比例尺地形图数据库。

◎ 思考题

1. 什么是数字测图?数字测图有哪些优势?
2. 传统地图、数字地图及电子地图之间的区别是什么?
3. 数字地图与纸质地图的区别体现在哪些方面?
4. 数字测图经历了哪几个发展阶段?
5. 数字地图的获取方式有哪些?

项目 2　数字测图系统

教学目标

本项目主要介绍了数字测图的基本原理以及数字测图系统组成。通过本项目的学习，学生应了解数字测图的基本思想，重温地形图的基本知识，掌握数字测图系统的基本组成并熟悉数字测图的软硬件系统。

思政目标

本项目通过数字测图的软硬件系统的学习，让学生了解我国测绘技术的发展壮大，培养学生的爱国热情、专业自豪感和职业认同感；通过国产测绘仪器设备的使用，培养学生严谨细致、精益求精的工匠精神；以我国北斗卫星定位技术发展为切入点，点亮学生民族文化自信之灯，从而激发学生报国热情。

任务 2.1　数字测图基本原理

◎思考

1. 目前常用的数据采集方法有哪些？
2. 数字测图的基本过程是怎样的？
3. 地形图的比例尺怎么选择？

本任务主要包括数字测图的基本思想和地形图描述两部分内容，要求学生了解数字测图的发展历程，掌握数字测图的基本思想，回顾地形图相关知识，包括地物、地貌的概念以及表示方法等。

2.1.1 数字测图的有关概念

数字测图的基本思想

数字测图的作业过程与使用的设备和软件、数据源及图形输出的目的有关。但不论是测绘地形图,还是制作种类繁多的专题图、行业管理用图,只要是测绘数字图,都必须包括数据采集、数据处理和图形输出三个基本阶段,如图2-1所示。

图2-1 数字测图三个基本阶段

数字测图的基本思想是将地面上的地形和地理要素(或称模拟量)转换为数字量,然后由电子计算机对其进行处理,得到内容丰富的电子地图,需要时由图形输出设备(如显示器、绘图仪)输出地形图或各种专题图。

1. 数据采集

将模拟量转换为数字,这一过程通常称为数据采集。目前数据采集方法主要有野外地面数据采集法、航片数据采集法、原图数字化法。全野外数据采集主要是野外采集数据,而航片数据采集与地图数字化主要是室内作业采集数据。

野外常规数据采集是在工程测量中,尤其是工程中大比例尺测图获取数据的主要方法。其主要有大地测量仪器法和GNSS-RTK采集法。

大地测量仪器法主要用全站仪、经纬仪或测距仪等大地测量仪器进行实地测量,并现场自动记录野外采集的数据。

GNSS-RTK采集法用GNSS-RTK接收机进行实地测量,并现场自动记录野外采集的数据。测定一个点只需几秒钟,定位精度可达厘米级。它是目前外业数据采集的主要手段之一,广泛应用在野外空旷地区的碎部测图作业中。但是在建筑物密集地区,障碍物的遮挡容易造成卫星失锁现象,使RTK作业模式失效,此时可采用全站仪作为补充。

航片数据采集法主要借助航空相片和遥感影像进行数据采集。航片数字采集:利用测区航空摄影测量获得的立体像对,在解析测图仪上或在经过改装的立体量测仪上采集地形特征点,并自动将其转换为数字信息。由于精度原因,在大比例尺(如1∶500)测图中受到一定限制,已逐渐被全数字摄影测量系统所取代。

遥感数据采集主要利用卫星携带的传感器获取遥感影像资料,结合专业影像处理软件,如ENVI、ArcGIS、ERDAS等进行数字地形图的生产。

机载激光扫描系统采集方法可以直接获得高密度的三维坐标数据,其信号可以部分穿透植被,获得森林区或植被区的真实地形。图2-2为使用地面三维激光扫描设备进行数据采集的工作照。

图 2-2　使用地面三维激光扫描设备进行数据采集

用合成孔径雷达采集数据：采用合成孔径雷达（ASR）方法可采集三维地形数据。雷达信号的穿透力很强，可以比较清楚地表达植被茂密地区的真实地势走向，能够有效获得地面的特征点和高程。

地图数字化法主要利用纸质线划图（亦称模拟地形图或纸质地形图）在室内采用手扶跟踪或图形扫描等手段获取地形图数据，实现信息的转换，也称为原图数字化。

数据采集的模式可分为接触采集和非接触采集两种模式。显然，全野外数据采集法及地图数字化法均属于接触采集模式，而航测数据采集法属于非接触采集模式。

2. 数据处理

数据处理是指在数据采集以后到图形输出之前对图形数据的各种处理。数据处理主要包括数据传输、数据预处理、数据转换、数据计算、图形生成、图形编辑与整饰、图形信息的管理与应用。

数据传输在这里指双向数据传输，主要是将采集的数据从数据采集设备传送给计算机，也可将数据（如控制点的坐标和高程）从计算机传送给数据采集设备。

数据预处理工作包括坐标变换、各种数据资料的匹配、测图比例尺的统一、不同结构数据的转换等。

数据转换的内容很多，如：将野外采集到的带简码的数据文件或无码数据文件转换为带绘图编码的数据文件供自动绘图使用；将 AutoCAD 的图形数据文件转换为地理信息系统（GIS）的交换文件等。

当数据输入计算机后，为建立数据地面模型（DTM）、绘制等高线，需要进行插值模型建立、插值计算、等高线光滑处理三个过程的工作。在计算过程中，需要给计算机输入必要的数据，如插值等高距、光滑的拟合步距等。必要时，需对插值模型进行修改，其余的工作都由计算机自动完成。数据计算还包括对房屋类呈直角拐弯的地物进行误差调整，消除非直角化误差等。经过数据处理后,可产生平面图形数据文件和数字地面模型文件。

要想得到一幅规范的地形图,还要对数据处理后产生的"原始"图形进行修改、编辑、整理;还需要加上汉字注记、高程注记,并填充各种面状地物符号;还要进行测区图形拼接、图幅分幅和图廓整饰等。数据处理还包括对图形信息的全息保存、管理、使用等。

数据处理是数字测图的关键阶段。在数据处理时,既有对图形数据进行的交互处理,也有批处理。数字测图系统的优劣取决于其数据处理的功能。

经过数据处理以后可得到数字地图,也就是形成一个图形文件。可将数字地图用磁盘或磁带做永久保存,根据需要还可以将数字地图转换成 GIS 所需要的图形格式,用于建立和更新 GIS 图形数据库。

3. 图形输出

输出图形是数字测图的主要目的。通过对图层的控制(打开/关闭、设置线划的粗细或颜色),可以编制和输出各种专题地图(如平面图、地籍图、地形图、管网图、带状图、规划图等),以满足不同用户的需要。

最后,还可以采用绘图仪、图形显示器、缩微系统等绘制或显示地形图或者用打印机打印数据资料或图形。

2.1.2 地形图描述

众所周知,测量工作的主要内容是测定和测设,而测定的主要产品就是地形图,那么什么是地形图,它又有哪些内容呢?我们可以从以下三个方面进行学习:地形图的概念、地图比例尺以及比例尺精度。

1. 地形图的概念

将地面上的地物和地貌按水平投影的方法(沿铅垂线方向投影到水平面上),并按一定的比例尺缩绘到图纸上,这种图就称为地形图。地形图表现的内容是地表的地物和地貌。

地物是指地面上有明显轮廓的固定物体,如房屋、道路、湖泊等。如果只有地物,而不表示地面起伏的这种地图称为平面图。图 2-3 中有居民地,有道路,有树木,没有地貌,所以这是一幅平面图。地貌是指地球表面的高低起伏形态,如丘陵、盆地等。如图 2-4 所示。

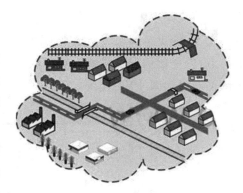

图 2-3 某地的平面图

图 2-4 某地的地貌图

2. 地图比例尺

地形图上一段直线长度与地面上相应线段的实际水平长度之比,称为地形图的比例尺,即比例尺等于图上距离比实地距离。例如,实地测出的水平距离为 500 m,画到图上的长度为 1 m,那么这张图的比例尺为 1∶500,也称 1/500 的图。

地形图的比例尺主要有两种类型:

1) 数字比例尺

数字比例尺一般用分子为 1 的分数形式表示。设图上某一直线的长度为 d,地面上相应直线的水平长度为 D,则图的比例尺为 $d/D=1/M$,其中 M 为比例尺分母。分母 M 越小,分数值越大,比例尺越大。

2) 图示比例尺

为了用图方便,以及减弱由于图纸伸缩而引起的误差,在绘制地形图时,常在图上绘制图示比例尺。如图 2-5 所示,图示比例尺由两条平行线构成,并把它们分成若干个 1 cm 长的基本单位,最左端的一个基本单位分成 10 等份,所注记的数字表示以米为单位的实地水平距离值。图中为 1∶500 的图示比例尺,基本单位 1 cm 代表实地水平距离 5 m,基本单位的 1/10 即 1 mm 代表实地水平距离 0.5 m。图示比例尺除直观、方便外,还有一个突出的优点,就是比例尺随图纸一起产生伸缩变形,因此,用它量取图上的直线长度,可以消除图纸伸缩对地图使用的影响。

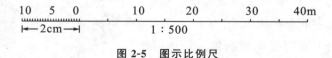

图 2-5 图示比例尺

3. 比例尺精度

关于比例尺还有一个十分重要的概念,叫比例尺精度。人们用肉眼能分辨图上的最小距离,通常为 0.1 mm,因此一般在图上量测或者测图描绘时,就只能达到图上 0.1 mm 的正确性。所以，地形图上0.1 mm所代表的实地水平距离称为比例尺精度，0.1乘以比例尺的分母。如表2-1所示，比例尺大小不同，比例尺精度数值也不同；比例尺越大，其比例尺精度就越高。

表 2-1 比例尺与比例尺精度对应表

比例尺	1∶500	1∶1000	1∶2000	1∶5000	1∶10000
比例尺精度/m	0.05	0.1	0.2	0.5	1.0

比例尺精度的概念，对测绘和用图有很重要的意义。

各行业都有自己的生产标准，这叫标准化，它规定了行业范围内的统一技术要求。而我们在进行地形图表示的时候所遵守的标准，叫作地形图图式，它规定了代表地物、地貌的符号的图形尺寸及颜色。地形图图式被应用于经济建设各部门测制、编绘地形图，是各部门进行规划、设计、施工、管理、科研、教学的基本依据之一，是制作地形图的技术法规。

4. 地物的表示方法

第一类是比例符号。把地面上轮廓尺寸较大的地物，依形状和大小按测图比例尺缩绘到图上，称为比例符号。房屋、湖泊、森林等属于比例符号。

第二类是非比例符号。地物轮廓尺寸太小时，无法用比例符号表示，但这些地物又很重要，必须在图上表示出来，如三角点、水准点、独立树、里程碑、钻孔、水井、消火栓等，则不管地物的实际尺寸大小，均用规定的符号表示，这类符号称为非比例符号。它们仅表示地物的位置和意义。

第三类是线性符号。对于一些带状延伸的地物，其长度可按测图比例尺缩绘，而横向宽度却无法按比例尺缩绘。这种长度按比例、宽度不按比例的符号，称为线性符号或半比例符号。道路、小河、通信线及管道等属于线性符号。

第四类是地物注记。有些地物除用一定的符号表示外，还需用文字、数字或特定的符号对这些地物加以说明或补充，称为地物注记。如河流和湖泊的水位，房屋的层数，桥梁的长度，村、镇、工厂、铁路、公路的名称，用特定符号表示的草地、耕地、林地等地面植物的种类等。

5. 地貌的表示方法

在地形图中，地貌投影缩绘到图上是用等高线表示的，如图2-6所示。水面静止的湖泊和池塘的水边线，实际上就是一条闭合的等高线。等高线是地面上高程相等的相邻点所连成的闭合曲线。

等高线平距就是相邻等高线之间的水平距离，一般用 d 表示，它随着地面的起伏情况

图 2-6　等高线地形图

而改变，h 与 d 的比值就是地面坡度 i。坡度一般以百分率表示，向上为正，向下为负。例如 $i=+5\%$ 或 $i=-2\%$。

图 2-7 所示为山头地貌，它们的等高线都是由若干圈闭合的曲线组成的，根据注记的高程，自外圈向里圈逐步升高的是山头，如果自外圈向里圈逐步降低的是洼地。

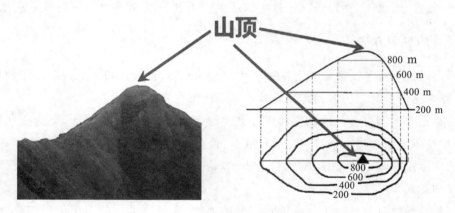

图 2-7　山峰等高线图

图 2-8 显示的是山脊与山谷的等高线，这两种等高线均和抛物线的形状相似。山脊等高线是凸向低处的曲线，各凸出处拐点的连线称为山脊线或分水线。山谷等高线是凸向高处的曲线，各凸出处拐点的连线称为山谷线或集水线。山脊或山谷两侧山坡的等高线近似于一组平行线。

图 2-9 所示的地貌是鞍部。鞍部是介于两个山头之间的低地，呈马鞍形的地形，其等高线的形状近似于两组双曲线簇。

图 2-10 展示的是陡崖地貌。陡崖是垂直或近似垂直的陡坡，这时多条等高线就会重合。

陡崖常有瀑布，在图 2-11 中乙地有陡崖，且上游有湖泊，故乙地有瀑布。

等高线有以下特性：

①同一条等高线上各点的高程都相同；

图 2-8 山脊、山谷等高线

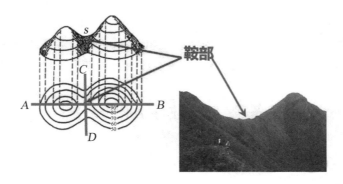

图 2-9 鞍部等高线

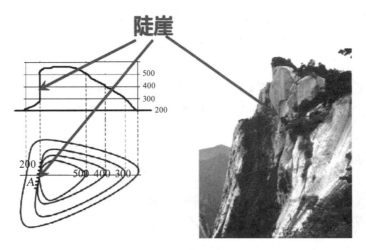

图 2-10 陡崖等高线

②等高线是一条闭合曲线,不能中断,如果不在同一幅图内闭合,则必定跨越邻幅或许

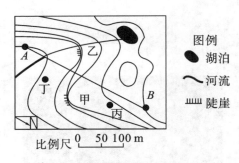

图 2-11　某地地形图

多幅图后闭合；

③等高线只有在绝壁或悬崖处才会重合或相交；

④等高线经过山脊或山谷时转变方向，因此，山脊线和山谷线应与转变方向处的等高线的切线垂直相交；

⑤在同一幅地形图上，等高线的间隔应该是相同的。因此，等高线平距大（等高线疏），表示地面坡度小（地形平坦）；等高线平距小（等高线密），表示地面坡度大（地形陡峻）。

任务2.2　数字测图系统

◎思考

1．数字测图系统由哪几部分组成？

2．全站仪使用的注意事项有哪些？

3．RTK移动站设置的步骤是什么？

本任务主要讲解了数字测图系统的基本组成，学生需要掌握数字测图系统的组成及分类，了解数字测图的四个硬件系统及两个软件系统。

2.2.1　数字测图系统的基本组成

数字测图系统是以计算机为核心，在输入、输出设备硬件和软件的支持下，对地形空间数据进行采集、传输、处理、编辑、输出和管理的自动化数字测绘系统。

根据使用者需求，按不同分类方法可对数字测图系统进行分类。

（1）按输入方法可分为：全野外数字测图系统、航测数字成图系统、地图数字化成图系统、综合采样（采集）数字测图系统等。

(2)按硬件配置可分为:全站仪配合电子手簿测图系统、电子平板测图系统等。

(3)按输出成果的内容可分为:大比例尺数字测图系统、地形地籍测图系统、地下管线测图系统、房地产测量管理系统、城市规划成图管理系统等。

下面介绍数字测图系统的构成。

前面从数字测图的基本思想中了解到数字测图的基本程序包括数据采集、数据处理和图形输出三个基本阶段。同理,数字测图系统主要由数据输入、数据处理和数据输出三部分组成。围绕上述三部分,由于硬件配置、工作方式、数据输入方法、输出成果内容的不同,可产生多种数字测图系统。这里主要介绍三种数字测图系统。

全野外数字测图系统(也称为地面数字测图系统),主要利用全站仪、RTK、三维激光扫描仪等设备进行数据采集,将采集到的数据传输到计算机中,最后进行绘图成图。

航测数字成图系统,利用无人机携带云台获取的航空像片,或者卫星携带的传感器获取的卫星影像,借助航天远景、ERDAS、ENVI、Inpho等软件进行数据处理,最终成图,是基于影像的数字测图系统。

地图数字化成图系统,利用手扶跟踪数字化仪或扫描仪,对现有地图进行跟踪扫描,将传统的纸质或其他材料上的地图(模拟信号)转换成计算机可识别图形数据(数字信号)的过程,以便进行计算机存储、分析和输出。借助南方CASS软件进行绘图成图,是基于现有地形图的数字测图系统。

数字测图的实现需要借助一些软硬件设备。

首先是数字采集设备,图2-12所示为一些数据输入设备。上方为外业输入设备,分别是GNSS-RTK、全站仪;下方为内业输入设备,如手扶跟踪数字化仪、扫描仪等。

(a)外业输入设备　　　　　　　　(b)内业输入设备

图2-12　外业和内业输入设备

数字处理设备,主要有解析仪、数字终端、计算机等。

图形输出设备,主要有磁盘、磁带、优盘、硬盘、图形显示器、打印机、绘图仪等。

数字测图软件一般采用南方CASS。南方CASS系列地形地籍成图软件是广东南方数码科技股份有限公司推出的基于AutoCAD平台技术的数字化测绘成图(GIS前端数据处理)系统(因为推崇国内自有品牌,现在的CASS软件的安装基础主要是中望CAD)。

CASS广泛应用于地形成图、地籍成图、工程测量应用、空间数据建库、市政监管等领域,全面面向GIS,彻底打通了数字化成图系统与GIS的接口,采用了骨架线实时编辑、简码用户化、GIS无缝接口等先进技术。

南方CASS系统与平台软件的配套关系如表2-2所示,CASS 7.0基于Windows XP系统下的AutoCAD 2002～2006版本安装;CASS 7.1基于Windows XP系统下的AutoCAD 2002～2007版本安装;CASS 10.1基于Windows 7/8/10系统下的AutoCAD 2010～2020版本安装(32位/64位均可安装)。可以查看计算机配置,对应表格,在官网下载需要的CAD和CASS版本并安装。

表2-2 南方CASS系统与平台软件的配套关系表

CASS版本	AutoCAD版本	操 作 系 统
CASS 7.0	AutoCAD 2002～2006	Windows XP
CASS 7.1	AutoCAD 2002～2007	Windows XP
CASS 2008	AutoCAD 2002～2008	Windows XP
CASS 9.0	AutoCAD 2002～2010	Windows XP/7
CASS 9.1	AutoCAD 2002～2011	Windows XP/7(32位/64位)
CASS 10.0	AutoCAD 2010～2018	Windows 7/8/10(32位/64位)
CASS 10.1	AutoCAD 2010～2020	Windows 7/8/10(32位/64位)

安装时,要特别注意,先安装AutoCAD软件,再安装南方CASS软件。AutoCAD软件安装完成后,要运行一次AutoCAD软件,测试软件是否安装成功。AutoCAD软件安装成功后才能进行下一步。

安装南方CASS软件前,要查看CASS版本是否与CAD相匹配,匹配后再安装。安装文件夹的选择,建议安装在默认位置。另外,还需注意加密锁(软件狗)的安装,没有加密锁,软件一般打不开。

图2-13是南方CASS 9.0的界面,主要由下拉菜单栏、CAD标准工具栏、CASS实用工具栏、属性面板、屏幕菜单栏、图形编辑区、命令行、状态栏等组成。每个菜单项均以对话框或命令行提示的方式与用户交互应答。

图形编辑区是图形显示窗口,用户在该区域内进行图形编辑操作。图形窗口有自己的标准Windows特征,如滚动条、最大化、最小化及控制按钮等,使用户可以在图形界面的框架内移动或改变它的大小。case命令行界面一般显示三行命令行,其中最下面一行等待键入命令,上面两行一般显示命令提示符或与命令进程有关的其他信息。操作时要随时注意命令行提示。有些命令有多种执行途径,用户可根据自己的喜好灵活地选用快捷工具按钮、下拉菜单或在命令行键入命令。

项目 2 数字测图系统

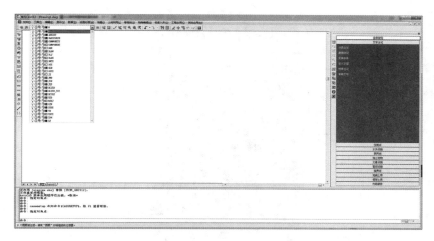

图 2-13 南方 CASS 9.0 的界面

标题栏下面即为下拉菜单,下拉菜单操作界面包括文件、工具、编辑、显示、数据、绘图处理、地籍、土地利用、等高线、地物编辑、检查入库、工程应用、其他应用等 13 个下拉菜单。这些菜单功能可以满足数字图绘制、编辑、应用、管理等操作需要。

屏幕菜单栏一般设置在操作界面的右侧,是用于绘制各种地类地物的交互式菜单。屏幕菜单第一页提供了坐标定位、点号定位、电子平板和地物匹配等 4 种定点方式。进入菜单的交互编辑功能时,必须先选定某一定点方式,如果想从第二页菜单返回到第一页菜单,点击屏幕菜单顶部的"坐标定位"条目提示,即可返回上级菜单屏幕。

CASS 实用工具栏具有 CASS 的一些常用功能,如查看实体编码、加入实体编码、批量选择目标、查询坐标、距离与方位角、文字注记、常见地物绘制、交互展点等。当光标在工具栏某个图标停留时,就会显示该图标的功能提示。使用 CASS 实用工具栏配合命令行操作提示操作,可简化对下拉菜单和屏幕菜单的操作。

CAD 标准工具栏包含了 AutoCAD 许多常用功能,如图层的设置、线型管理器、打开已有图形、图形存盘、屏幕图形平移、缩放、对象特征编辑器、移动、复制、修剪、延伸等。

2.2.2 数字测图硬件系统

2.2.2.1 全站仪

1. NTS-360 系列全站仪各部件名称及其功能

1)各部件名称

NTS-360 系列全站仪各部件名称如图 2-14 和图 2-15 所示。

全站仪的认识
与使用

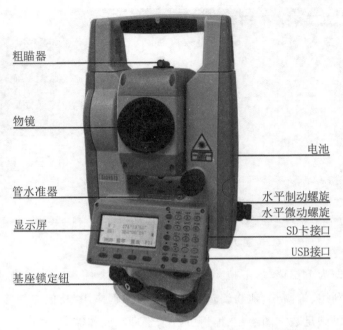

图 2-14　NTS-360 系列全站仪各部件名称（1）

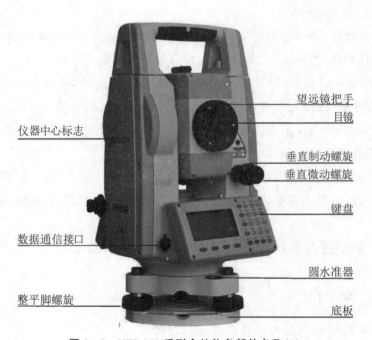

图 2-15　NTS-360 系列全站仪各部件名称（2）

2）键盘功能与信息显示

NTS-360系列全站仪面板如图2-16所示，其名称与功能见表2-3。显示屏内常用显示符号的意义见表2-4。

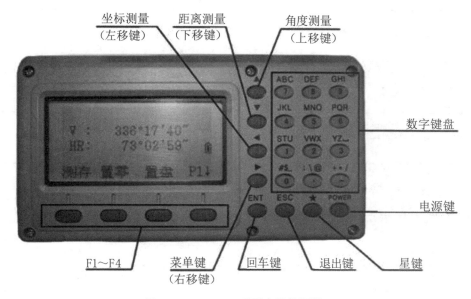

图 2-16 NTS-360 系列全站仪面板

表 2-3 NTS-360 系列全站仪面板上的按键名称与功能

按　　键	名　　称	功　　能
ANG	角度测量键	进入角度测量模式（▲光标上移或向上选取选择项）
DIST	距离测量键	进入距离测量模式（▼光标下移或向下选取选择项）
CORD	坐标测量键	进入坐标测量模式（◀光标左移）
MENU	菜单键	进入菜单模式（▶光标右移）
ENT	回车键	确认数据输入或存入该行数据并换行
ESC	退出键	取消前一操作，返回到前一个显示屏或前一个模式
POWER	电源键	控制电源的开/关
F1～F4	软键	功能参见所显示的信息
0～9	数字键	输入数字和字母或选取菜单项
·～—	符号键	输入符号、小数点、正负号
★	星键	用于仪器若干常用功能的操作

表 2-4　NTS-360 系列全站仪显示屏内常用显示符号的意义

显 示 符 号	内　　容
V%	垂直角（坡度显示）
HR	水平角（右角）
HL	水平角（左角）
HD	水平距离
VD	高差
SD	斜距
N	北向坐标
E	东向坐标
Z	高程
*	EDM（电子测距）正在进行
m	以米为单位
ft	以英尺为单位
fi	以英尺与英寸为单位

3）功能键

各软键在角度测量、距离测量和坐标测量方面的功能见表 2-5～表 2-7。

表 2-5　角度测量模式

页　　数	软　　键	显示符号	功　　能
第 1 页 （P1）	F1	测存	启动角度测量，将测量数据记录到相对应的文件中（测量文件和坐标文件在数据采集功能中选定）
	F2	置零	水平角置零
	F3	置盘	通过键盘输入设置一个水平角
	F4	P1↓	显示第 2 页软键功能
第 2 页 （P2）	F1	锁定	水平角读数锁定
	F2	复测	水平角重复测量
	F3	坡度	垂直角/百分比坡度的切换
	F4	P2↓	显示第 3 页软键功能

续表

页 数	软 键	显 示 符 号	功 能
第3页 (P3)	F1	H 蜂鸣	仪器转动至水平角 0°、90°、180°、270°是否有蜂鸣的设置
	F2	右左	水平角右角/左角的转换
	F3	竖角	垂直角显示格式(高度角/天顶距)的切换
	F4	P3↓	显示第1页软键功能

表 2-6 距离测量模式

页 数	软 键	显 示 符 号	功 能
第1页 (P1)	F1	测存	启动距离测量,将测量数据记录到相对应的文件中(测量文件和坐标文件在数据采集功能中选定)
	F2	测量	启动距离测量
	F3	模式	设置测距模式单次精测/N 次精测/重复精测/跟踪的转换
	F4	P1↓	显示第2页软键功能
第2页 (P2)	F1	偏心	偏心测量模式
	F2	放样	距离放样模式
	F3	m/f/i	设置距离单位米/英尺/英尺·英寸
	F4	P2↓	显示第1页软键功能

表 2-7 坐标测量模式

页 数	软 键	显 示 符 号	功 能
第1页 (P1)	F1	测存	启动坐标测量,将测量数据记录到相对应的文件中(测量文件和坐标文件在数据采集功能中选定)
	F2	测量	启动坐标测量
	F3	模式	设置测量模式单次精测/N 次精测/重复精测/跟踪的转换
	F4	P1↓	显示第2页软键功能

续表

页　数	软　键	显示符号	功　能
第2页 （P2）	F1	设置	设置目标高和仪器高
	F2	后视	设置后视点的坐标
	F3	测站	设置测站点的坐标
	F4	P2↓	显示第3页软键功能
第3页 （P3）	F1	偏心	偏心测量模式
	F2	放样	坐标放样模式
	F3	均值	设置 N 次精测的次数
	F4	P3↓	显示第1页软键功能

4）星（★）键模式

按下星（★）键后，屏幕显示如图 2-17 所示。

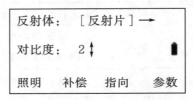

图 2-17　按下星（★）键后的屏幕显示

在此可做如下仪器设置：

（1）对比度调节：通过按[▲]或[▼]键，可以调节液晶显示对比度。

（2）背景光照明：

按[F1]：打开背景关。

再按[F1]：关闭背景光。

（3）补偿：按[F2]键进入"补偿"设置功能，按[F1]或[F3]键设置倾斜补偿的打开或者关闭。

（4）反射体：按[MENU]键可设置反射目标的类型。按下[MENU]键一次，反射目标便在棱镜/免棱镜/反射片之间转换。

（5）指向：按[F3]键出现可见激光束。

（6）参数：按[F4]键选择"参数"，可以对棱镜常数、PPM 值和温度气压进行设置，并且可以查看回光信号的强弱。

2. 测量前的准备

1）仪器开箱和存放

（1）开箱。轻轻地放下箱子，让其盖朝上，打开箱子的锁栓，开箱盖，取出仪器。

(2)存放。盖好望远镜镜盖,使照准部的垂直制动手轮和基座的水准器朝上,将仪器平卧(望远镜物镜端朝下)放入箱中,轻轻旋紧垂直制动手轮,盖好箱盖,并关上锁栓。

2)安置仪器

将仪器安装在三脚架上,精确整平和对中,以保证测量成果的精度(应使用专用的中心连接螺旋的三脚架)。

操作参考:

(1)利用垂球对中与整平。

①架设三脚架。

a.首先将三脚架打开,使三脚架的三腿近似等距,并使顶面近似水平,拧紧三个固定螺旋。

b.使三脚架的中心与测点近似位于同一铅垂线上。

c.踏紧三脚架使之牢固地支撑于地面上。

②将仪器安置到三脚架上。

将仪器小心地安置到三脚架顶面上,用一只手握住仪器,另一只手松开中心连接螺旋,在架头上轻移仪器,直到垂球对准测站点标志的中心,然后轻轻拧紧连接螺旋。

③利用圆水准器粗平仪器。

a.如图2-18所示,旋转两个脚螺旋①、②,使圆水准器气泡移到与上述两个脚螺旋中心连线相垂直的直线上。

b.如图2-19所示,旋转脚螺旋③,使圆水准器气泡居中。

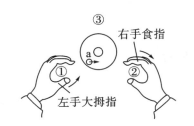

图2-18 利用圆水准器粗平仪器(1)

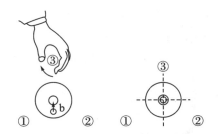

图2-19 利用圆水准器粗平仪器(2)

④利用管水准器精平仪器。

a.如图2-20所示,松开水平制动螺旋,转动仪器使管水准器平行于某一对脚螺旋1、2的连线,再旋转脚螺旋1、2,使管水准器气泡居中。

b.将仪器绕竖轴旋转90°,再旋转另一个脚螺旋3,使管水准器气泡居中,如图2-21所示。

c.再次旋转仪器90°,重复步骤a、b,直到四个位置上气泡居中为止。

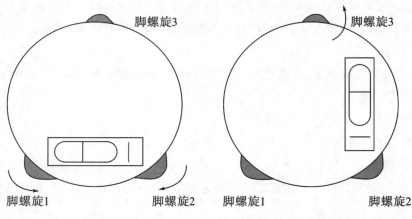

图 2-20 利用管水准器精平仪器(1)　　图 2-21 利用管水准器精平仪器(2)

(2)利用光学对中器对中。

①架设三脚架。

将三脚架伸到适当高度,确保三腿等长、打开,并使三脚架顶面近似水平,且位于测站点的正上方。将三脚架腿支撑在地面上,使其中一条腿固定。

②安置仪器和对点。

将仪器小心地安置到三脚架上,拧紧中心连接螺旋,调整光学对点器,使十字丝成像清晰。双手握住另外两条未固定的架腿,通过对光学对点器的观察调节这两条腿的位置。当光学对点器大致对准测站点时,让三脚架的三条腿均固定在地面上。调节全站仪的三个脚螺旋,使光学对点器精确对准测站点。

③利用圆水准器粗平仪器。

调整三脚架三条腿的长度,使全站仪圆水准器气泡居中。

④利用管水准器精平仪器。

a. 松开水平制动螺旋,转动仪器,使管水准器平行于某一对脚螺旋1、2的连线。旋转脚螺旋1、2,使管水准器气泡居中。

b. 将仪器旋转90℃,使其垂直于脚螺旋1、2的连线。旋转脚螺旋3,使管水准器气泡居中。

⑤精确对中与整平。

通过对光学对点器的观察,轻微松开中心连接螺旋,平移仪器(不可旋转仪器),使仪器精确对准测站点。再拧紧中心连接螺旋,再次精平仪器。

此项操作重复至仪器精确对准测站点为止。

3)电池的装卸、信息和充电

(1)电池信息如图 2-22 所示。

```
V:    90° 10′ 20″
HR: 122° 09′ 30″
斜距*［单次］      <<      ▮
平距：
高差：
测存    测量    模式    P1↓
```

图 2-22 电池信息

▮——电量充足,可操作使用。

▮——刚出现此信息时,电池尚可使用 1 小时左右;若不能掌握已消耗的时间,则应准备好备用的电池或充电后再使用。

▮——电量已经不多,尽快结束操作,更换电池并充电。

▯——从闪烁到缺电关机可持续几分钟,电池已无电,应立即更换电池并充电。

注意:①电池工作时间的长短取决于环境条件,如周围温度、充电时间和充电的次数等,为安全起见,建议提前充电或准备一些充好电的备用电池。

②电池剩余容量显示级别与当前的测量模式有关,在角度测量模式下,电池剩余容量够用,并不能够保证电池在距离测量模式下也能用。因为距离测量模式耗电高于角度测量模式,当从角度测量模式转换为距离测量模式时,由于电池容量不足,有时会中止测距。

(2)取下机载电池盒时的注意事项。

每次取下电池盒时,都必须先关掉仪器电源,否则仪器易损坏。

(3)电池充电。

取下电池盒,将电池盒底部插入仪器的槽中,按压电池盒顶部按钮,使其卡入仪器中固定归位。

电池充电应用专用充电器,本仪器配用 NC-20A 充电器。

充电时先将充电器接好 220V 电源,从仪器上取下电池盒,将充电器插头插入电池盒的充电插座,充电器上的指示灯为橙色表示正在充电,指示灯为绿色表示充电完毕,可拔出插头。

充电时的注意事项:

①尽管充电器有过充保护回路,充电结束后仍应将插头从插座中拔出。

②要在 0～±45℃ 温度范围内充电,超出此范围可能导致充电异常。

③如果充电器与电池已连接好,指示灯却不亮,此时充电器或电池可能损坏,应修理。

存放时的注意事项:

①充电电池可重复充电 300～500 次,电池完全放电会缩短其使用寿命。

②为更好地获得电池的最长使用寿命,请保证每月充电一次。

4)反光棱镜

当全站仪用红外光进行距离测量等作业时,须在目标处放置反射棱镜。反射棱镜有单(叁)棱镜组,可通过基座连接器将棱镜组连接在基座上,安置到三脚架上,也可直接安置在对中杆上。棱镜组由用户根据作业需要自行配置。

广州南方测绘仪器有限公司所生产的棱镜组如图 2-23 所示。

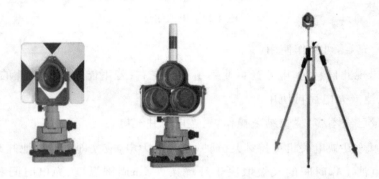

图 2-23　广州南方测绘仪器有限公司所生产的棱镜组

5)基座的装卸

(1)拆卸。

如有需要,三角基座可从仪器(含采用相同基座的反射棱镜基座连接器)上卸下,如图 2-24 所示,先用螺丝刀松开基座锁定钮固定螺丝,然后逆时针转动锁定钮约 180°,即可使仪器与基座分离。

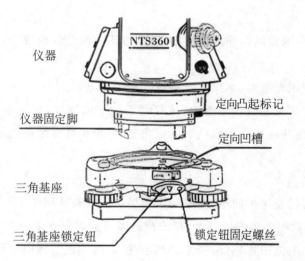

图 2-24　基座的拆卸

(2)安装。

将仪器的定向凸起标记与基座定向凹槽对齐,把仪器上的三个固定脚对应放入基座的孔中,使仪器装在三角基座上,顺时针转动锁定钮180°使仪器与基座锁定,再用螺丝刀将锁定钮固定螺丝旋紧。

6)望远镜目镜调整和目标照准

瞄准目标的方法(供参考):

①将望远镜对准明亮天空,旋转目镜筒,调焦看清十字丝(先朝自己方向旋转目镜筒,再慢慢旋进调焦);

②利用粗瞄准器内的三角形标志的顶尖瞄准目标点,眼睛与瞄准器之间应保留一定距离;

③利用望远镜调焦螺旋使目标成像清晰。

眼睛在目镜端上下或左右移动时若发现有视差,说明调焦或目镜屈光度未调好,这将影响观测的精度,应仔细调焦并调节目镜筒来消除视差。

7)字母和数字的输入方法

NTS-360系列全站仪键盘自带字符数字键,因此用户可以直接输入数字和字符。

(1)输入数字。

【例1】 选择数据采集模式中的测站仪器高。

①如图2-25所示,箭头指示将要输入的条目,按[▲][▼]键上下移动箭头。

②如图2-26所示,按[▼]键将→移动到仪器高条目。

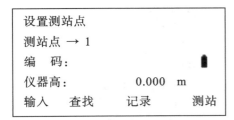

图2-25 按[▲][▼]键上下移动箭头

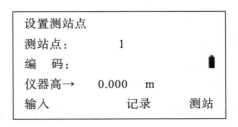

图2-26 移动到仪器高条目

③如图2-27所示,按[F1](输入)键打开输入模式,仪器高选项处出现光标。

④按[1]输入"1"

按[.]输入"."

按[5]输入"5",输入完毕,按[F4]确认。

此时仪器高→1.5 m,仪器高输入为1.5 m。

(2)输入角度。

【例2】 输入角度90°10′20″。

输入角度示例如图 2-28 所示。

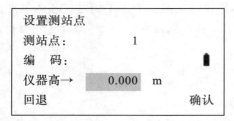

图 2-27　按[F1]（输入）键打开输入模式

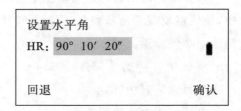

图 2-28　输入角度示例

按[9]输入"9"；按[0]输入"0"

按[.]输入度"°"

按[1]输入"1"；按[0]输入"0"

按[.]输入度"′"

按[2]输入"2"；按[0]输入"0"

按[F4]确认。

此时水平角度数为 90°10′20″。

(3) 输入字符。

【例 3】　输入数据采集模式中的测站点编码"SOUTH1"。

(1) 如图 2-29 所示，用[▲][▼]键上下移动箭头行，移到待输入的条目。

(2) 如图 2-30 所示，按[F1]（输入）键，出现光标。

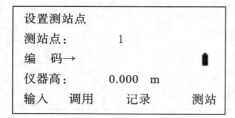

图 2-29　将箭头移到待输入的条目

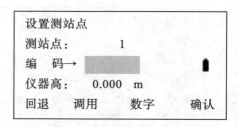

图 2-30　按[F1]（输入）键出现光标

(3) 如图 2-31 所示，按[F3]，切换到字母输入方式，每按一次[F3]，输入方式在数字和字母之间切换。

注：当菜单中显示"字母"时即可输入数字，显示"数字"时即可输入字母。

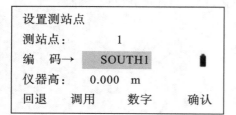

图 2-31　按[F3]切换到字母输入方式

按[F1]（回退）键，可删除输入的字符。

当所输入的字母中有连续两个字母在同一键上,在输入其中的第二个字母时,光标自动移到下一位。

按[STU]键,显示"S";

连续按三次[MNO]键,显示"O";

按[STU]键三次,显示"U";

连续按两次[STU]键,显示"T";

连续按两次[GHI]键,显示"H";

光标自动显示到下一位,再按四次[STU]键,显示数字"1",输入完毕,按[F4]确认。

3. 角度测量模式

1)水平角和垂直角测量

确认处于角度测量模式,具体操作过程如下:

①照准第一个目标 A;

②按[F2](置零)键和[F4](是)键,设置目标 A 的水平角为 0°00′00″;

③照准第二个目标 B,显示目标 B 的 V/H。

全站仪的使用

2)水平角(右角/左角)切换

确认处于角度测量模式,具体操作过程如下:

①按[F4](↓)键两次转到第 3 页功能;

②按[F2](右左)键。右角模式(HR)切换到左角模式(HL);

③再按[F2]键则以右角模式进行显示;

全站仪的检验与校正

每次按[F2](右左)键,HR/HL 两种模式交替切换。

3)水平角的设置

(1)通过[锁定]键进行设置。

确认处于角度测量模式,具体操作过程如下:

①利用水平微动螺旋转到所要设置的水平角;

②按[F4]键,转到第 2 页功能;

③按[F1](锁定)键;

④照准目标点;

⑤按[F4](是)键完成水平角设置,屏幕返回到测角模式。

若要返回上一个模式,可按[F3](否)键。

(2)通过键盘输入进行设置。

确认处于角度测量模式,具体操作过程如下:

①照准目标点,按[F3](置盘)键;

②通过键盘输入所需的水平角读数,并按[F4]确认键。例如:150°10′20″;
③水平角度被设置后,即可从所要求的水平角进行正常的测量。

4)垂直角与斜率(%)的转换

确认处于角度测量模式,具体操作过程如下:
①按[F4](↓)键转到第2页;
②按[F3](坡度)键。
每次按[F3](坡度)键,显示模式交替切换。
当高度超过45°(100%)时,显示窗将提示"超限"(超出测量范围)。

5)角度复测

在水平角(右角)测量模式下可进行角度重复测量。
确认处于水平角(右角)测量模式,如图2-32所示,欲复测A、B两点之间的角度。

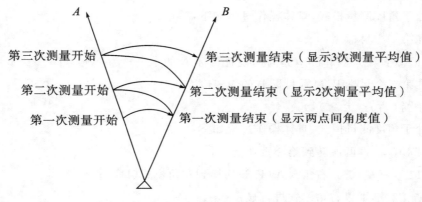

图 2-32 角度复测示意图

①按[F4](↓)键转到第2页功能菜单;
②按[F2](复测)键;
③照准目标A,按[F1](置零)键;
④按[F4](是)键;
⑤使用水平制动和微动螺旋照准目标B,并按[F4](锁定)键;
⑥使用水平制动和微动螺旋再次照准目标A,并按[F3](释放)键;
⑦使用水平制动和微动螺旋再次照准目标B,并按[F4](锁定)键;
⑧重复步骤⑥⑦,直到完成所需要的测量次数。例如:重复6次;
⑨若要退出角度复测,可按[F2](退出),并按[F4](是),屏幕返回正常测角模式。

在水平角(右角)的情况下,水平角可累计到(3600°00′00″－最小读数)。例如:在最小读数为5秒的情况下,水平角可累计到±3599°59′55″。
若角度观测结果与首次观测值相差超过±30″,则会显示出错信息。

6) 水平角 90°间隔蜂鸣

如果水平角落在 0°(90°、180°或 270°)±4°30′范围以内,蜂鸣声响起。此项设置关机后不保留。确认处于角度测量模式,具体操作过程如下:

①按[F4](↓)键两次,进入第 3 页功能;
②按[F1](H 蜂鸣)键,显示上次设置状态;
③按数字[1](开)键或[2](关)键,以选择蜂鸣器的开/关;
④选择完毕,按[F4](确认)键,屏幕返回到测角模式。

7) 天顶距和高度角的转换

天顶距和垂直角如图 2-33 所示。

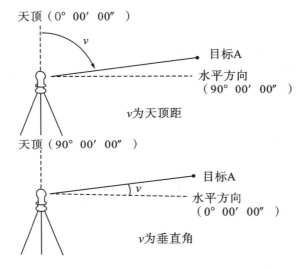

图 2-33　天顶距和垂直角

具体操作过程如下:

①按[F4](↓)键两次转到第 3 页功能菜单;
②按[F3](竖角)键;

每次按[F3](竖角)键,显示模式交替切换。

4. 距离测量模式

1) 距离测量

操作过程如下:

①按[DIST]键进入测距界面,距离测量开始;
②显示测量的距离;
③按[F1](测存)键启动测量,并记录测得的数据,测量完毕,按[F4](是)键,屏幕返回

到距离测量模式。一个点的测量工作结束后,程序会将点名自动＋1,重复刚才的步骤即可重新开始测量。

当光电测距(EDM)正在工作时,"＊"标志就会出现在显示屏上。

距离的单位表示为"m"(米)、"ft"(英尺)、"fi"(英尺·英寸),并随着蜂鸣声在每次距离数据更新时出现。

2)设置测量模式

NTS-360系列全站仪提供单次精测、N次精测、重复精测、跟踪测量四种测量模式,用户可根据需要进行选择。

若采用N次精测模式,当输入测量次数后,仪器就按照设置的次数进行测量,并显示出距离平均值。

操作过程如下:

①按[DIST]键进入测距界面,距离测量开始;

②当需要改变测量模式时,可按[F3](模式)键,测量模式便在单次精测、N次精测、重复精测、跟踪测量模式之间切换。

3)用软键选择距离单位

使用软键可以改变距离单位。此项设置在电源关闭后不保存。确认处于测距模式,操作过程如下:

①按[F4](P1↓)键转到第2页功能菜单;

②按[F3](m/f/i)键,显示单位就可以改变。每次按[F3](m/f/i)键,单位模式依次切换。

4)放样

该功能可显示出测量的距离与输入的放样距离之差。

测量距离－放样距离＝显示值。放样时可选择平距(HD)、高差(VD)和斜距(SD)中的任意一种放样模式。

操作过程如下:

①在距离测量模式下按[F4](P1↓)键,进入第2页功能菜单;

②按[F2](放样)键,显示出上次设置的数据;

③按[F1]～[F3]键可选择放样测量模式。F1:平距,F2:高差,F3:斜距。例如:水平距离,按[F1](平距)键;

④输入放样距离(例如:3.500 m),输入完毕,按[F4](确认)键;

⑤照准目标(棱镜)测量开始,显示出测量距离与放样距离之差;

⑥移动目标棱镜,直至距离差等于0 m为止。

5)偏心测量

共有四种偏心测量模式:角度偏心测量、距离偏心测量、平面偏心测量、圆柱偏心测量。

(1) 角度偏心测量。

当棱镜直接架设有困难时,如在树木的中心,角度偏心测量模式是十分有用的。如图 2-34 所示,只要安置棱镜于和仪器平距相同的点 P 上。在设置仪器高/目标高后进行偏心测量,即可得到被测物中心位置的坐标。

当测量 A_0 的投影——地面点 A_1 的坐标时,设置仪器高/目标高。

当测量 A_0 点的坐标时,只设置仪器高(设置目标高为 0)。

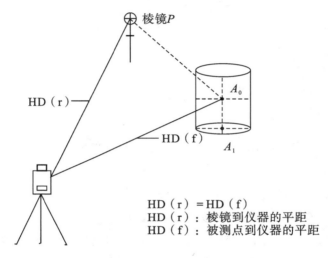

图 2-34 角度偏心测量

在进行偏心测量之前,应设置仪器高/目标高。

操作过程如下:

①在测距模式下按[F4](P1↓)键,进入第 2 页功能菜单;

②按[F1](偏心)键;

③按数字键[1](角度偏心),进入偏心测量;

④照准棱镜 P,按[F1](测量)键;

⑤利用水平制动与微动螺旋照准 A_0 点,显示仪器到 A_0 点的斜距、平距、高差;

⑥显示 A_0 点或 A_1 点的坐标,则按[CORD]。

按[F1](下点)键,可返回操作步骤④。

按[ESC]键,返回测距模式。

(2) 距离偏心测量。

如图 2-35 所示,如果已知树或者池塘的半径,现要测定其中心的距离和坐标。为测定 A_0 点的距离或坐标,输入偏心距并在距离偏心测量模式下测量 P_1 点,在显示屏上就会显示出点 P_0 的距离和坐标。

操作过程如下:

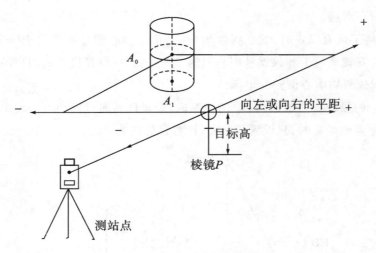

图 2-35 距离偏心测量

①在测距模式下按[F4](P1↓)键,进入第 2 页功能菜单;

②按[F1](偏心)键;

③按数字键[2](距离偏心)键,进入距离偏心测量;

④输入左或右、前后偏心距,然后按[F4](确认);

⑤照准棱镜 P,按[F1](测量)键开始测量。若采用重复精测模式,需按[F4](设置)键结束测量。测距结束后将会显示出加上偏心距改正后的测量结果;

⑥按[CORD]键,显示 A_0 点的坐标。

按[F1](下点)键,可返回操作步骤④。

按[ESC]键,返回测距模式。

(3)平面偏心测量。

平面偏心测量功能用于测定无法直接测量的点位,如测定一个平面边缘的距离或坐标。

如图 2-36 所示,此时首先应在该模式下测定平面上的任意三个点(P_1,P_2,P_3)以确定被测平面,照准测点 P_0,然后仪器就会计算并显示视准轴与该平面交点的距离和坐标。

操作过程如下:

①在测距模式下按[F4](P1↓)键,进入第 2 页功能菜单;

②按[F1](偏心)键;

③按数字键[3](平面偏心);

④照准棱镜 P_1,按[F1](测量)键。若采用重复精测模式,需按[F4](设置)结束测量。测量结束后显示屏提示进行第二点测量;

⑤按同样方法进行第二点和第三点测量;

项目2 数字测图系统

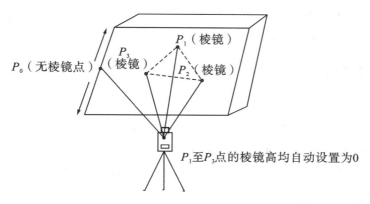

图 2-36 平面偏心测量

⑥仪器计算并显示视准轴与平面之间交点的坐标和距离值；

⑦照准平面边缘（P_0）；

⑧按[CORD]键，显示 P_0 点的坐标。

按[F1]（下点）键，可返回操作步骤④。

按[ESC]键，返回测距模式。

(4) 圆柱偏心测量。

如图 2-37 所示，首先直接测定圆柱面上 P_1 点的距离，然后通过测定圆柱面上的 P_2 和 P_3 点方向角即可计算出圆柱中心的距离、方向角和坐标。

圆柱中心的方向角等于圆柱面点 P_2 和 P_3 方向角的平均值。

操作过程如下：

①在测距模式下按[F4]（P1↓）键，进入第 2 页功能菜单；

②按[F1]（偏心）键；

③按数字键[4]（圆柱偏心）；

④照准圆柱面的中心（P_1），按[F1]（测量）键开始测量。测量结束后，显示屏提示进行左边点（P_2）的角度观测。

⑤照准圆柱面左边点（P_2），按[F4]（设置）键，测量结束后，显示屏提示进行右边点（P_3）的角度观测；

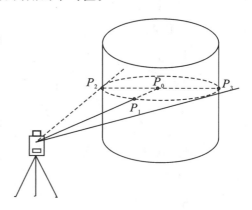

图 2-37 圆柱偏心测量

⑥照准圆柱面右边点（P_3），按[F4]（设置）键，测量结束后，仪器和圆柱中心（P_0）之间的距离被计算；

⑦若要显示 P_0 点的坐标，可按[CORD]键。

43

按[F1](下点)键,可返回操作步骤④。

按[ESC]键,返回测距模式。

5. 坐标测量模式

1) 坐标测量的步骤

输入仪器高和目标高来测量坐标时,可直接测定未知点的坐标。

如图 2-38 所示,未知点的坐标由下面公式计算并显示出来:

测站点坐标:(N_0,E_0,Z_0);相对于仪器中心点的目标中心坐标:(n,e,z)。

仪器高:仪高;未知点坐标:(N_1,E_1,Z_1)。

目标高:标高;高差:$Z(VD)$。

$$N_1 = N_0 + n$$
$$E_1 = E_0 + e$$
$$Z_1 = Z_0 + 仪高 + Z - 标高 \quad 仪器中心坐标((N_0,E_0,Z_0) + 仪器高)$$

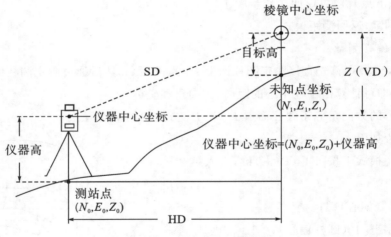

图 2-38 未知点的坐标计算

进行坐标测量,注意要先设置测站点坐标、仪器高、目标高及后视方位角。

操作过程如下:

①设置已知点 A 的方向角;

②照准目标 B,按[CORD]坐标测量键;

③开始测量,按[F2](测量)键可重新开始测量;

④按[F1](测存)键启动坐标测量,并记录测得的数据,测量完毕,按[F4](是)键,屏幕返回到坐标测量模式。一个点的测量工作结束后,程序会将点名自动+1,重复刚才的步骤即可重新开始测量。

2)测站点坐标的设置

如图 2-39 所示,设置仪器(测站点)相对于坐标原点的坐标,仪器可自动转换和显示未知点(目标点)在该坐标系中的坐标。

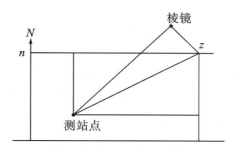

图 2-39 测站点坐标的设置

操作过程如下:

①在坐标测量模式下,按[F4](P1↓)键,转到第 2 页功能菜单;

②按[F3](测站)键;

③输入 N 坐标,并按[F4](确认)键;

④按同样方法输入 E 和 Z 坐标,输入完毕,屏幕返回到坐标测量模式。

输入范围:

-99999999.9999 m$\leqslant N$、E、$Z\leqslant +99999999.9999$ m

-99999999.9999 ft$\leqslant N$、E、$Z\leqslant +99999999.9999$ ft

$-99999999.11.7$ ft+inch$\leqslant N$、E、$Z\leqslant +99999999.11.7$ ft+inch

3)仪器高的设置

电源关闭后,可保存仪器高。

操作过程如下:

①在坐标测量模式下,按[F4](P1↓)键,转到第 2 页功能菜单;

②按[F1](设置)键,显示当前的仪器高和目标高;

③输入仪器高,并按[F4](确认)键。

输入范围:

-9999.9999 m$\leqslant$仪器高$\leqslant +9999.9999$ m

-9999.9999 ft$\leqslant$仪器高$\leqslant +9999.9999$ ft

$-9999.11.7$ ft+inch$\leqslant$仪器高$\leqslant +9999.11.7$ ft+inch

4)目标高的设置

此项功能用于获取 Z 坐标值,电源关闭后,可保存目标高。

操作过程如下:

①在坐标测量模式下,按[F4](P1↓)键,进入第 2 页功能菜单;

②按[F1](设置)键,显示当前的仪器高和目标高,将光标移到目标高;

③输入目标高,并按[F4](确认)键。

输入范围:

－9999.9999 m≤目标高≤＋9999.9999 m

－9999.9999 ft≤目标高≤＋9999.9999 ft

－9999.11.7 ft＋inch≤目标高≤＋9999.11.7 ft＋inch

2.2.2.2 GNSS-RTK

全球定位系统(global positioning system,GPS)是一种以人造卫星为基础的空间站无线电定位、全天候导航和授时系统。它由卫星、地面监控、用户设备三大部分组成。用户设备就是我们通常所说的 GPS 接收仪器。

GPS 定位是通过接收卫星发送的导航定位信息,测定每一颗可见卫星到接收设备的距离,用后方交会方法实现的。距离则通过载波上的 C/A 码或相位来测定。影响 GPS 实时定位精度的因素很多,如卫星星历误差、电离层延迟、对流层延迟、接收机时钟和卫星时钟的误差等。这些误差从总体上讲都具有较好的空间相关性,也就是说,对于相距不太远的各个测站来讲上述误差所产生的影响基本上是相同的。如果我们能在一个位置已精确确定的已知点配备 GPS 接收机,并和用户一起进行 GPS 观测,就有可能求得各个观测瞬间由于上述各种原因所造成的影响。如果已知点还能将这些偏差值通过无线电通信的手段即刻播发给在附近工作的用户,那么这些用户的定位精度就能大为提高。这就是差分定位的基本原理。

RTK(real time kinematics)就是一种运用载波相位差分技术进行实时定位的 GPS 测量系统。在这一系统中,基准站以及移动站同时接收 4 颗以上的卫星(初始化则要求 5 颗)进行载波相位观测。而设置在坐标精确的已知点上的基准站,在跟踪载波相位测量的同时通过数据链将测站坐标、观测值、卫星跟踪状态及接收机工作状态发射出去。另一台或者若干台接收机则作为移动站在各待定点上依次设站观测站,在接收 GPS 信号进行载波相位观测的同时,还通过数据链接收来自基准站的载波相位差分及其他的数据,现场实时解算 WGS-84 坐标系的坐标。

PTK 技术较常规测量技术有着不可比拟的优势,如速度快、精度高、不要求通视等,在数字测图中得到广泛应用。

常规 RTK 测量系统的设备如下。

1. RTK 系统基本组成

1)基准站

基准站(base station)又称参考站(reference station)。在一定的观测时间内,一台或几台接收机分别固定安置在一个或几个测站上,一直保持跟踪观测卫星,其余接收机在这些固定测站的一定范围内流动作业,这些固定测站称为基准站。基准站包括以下几个部分:

①基准站 GNSS 接收机:如图 2-40 所示,主机前面为按键(电源键及功能键)和指示灯面板。

图 2-40　华测 X12 接收机外形

基准站和移动站仪器底部内嵌有内置电台模块、网络模块和蓝牙/Wi-Fi 模块,后面是电池仓部分,如图 2-41 所示。

图 2-41　华测 X12 接收机底部接口

各接口、主机铭牌详细说明如表 2-8 所示。

表 2-8　各接口、主机铭牌详细说明

接口、主机铭牌	含　义
基座连接口	主机通过转接头连接长水泡基座
USB 接口	可使用 USB 数据线下载静态数据、升级固件
I/O 接口	USB 电源数据线(7 芯)外接供电、使用串口线输出自定义数据、使用电台数传线(7 芯)输出差分数据
主机铭牌	包含仪器型号、SN 号、PN 号等
TNC 接口	连接电台棒状天线(外挂电台模式下,基准站无须连接)

②基准站数据链电台和高频鞭状天线:用于将基准站观测的伪距和载波相位观测值发射出去。如图 2-42 所示,电台背面一边为数传线接口,5 针插孔,用于连接 GNSS 接收机及

供电电源;另一边为电台天线接口,用来连接电台天线连接座,电台天线连接座连接高频鞭状天线。

图 2-42　DL9 数传电台

③基准站电台一般为外置的独立电台,其设置要求如下。

功率要求:高、中、低三种可供选择的频率,根据测区距离选择功率。作业距离 10 km 以上建议使用高功率作业,作业距离 1～2 km 建议使用低功率作业。高功率发射会成倍地消耗电池电量,过多使用还会降低电池的使用寿命。

电池供电要足,使用后要及时充电,电瓶选择 12V/60A 或 12V/45A 为宜,可保证一定的工作时间。

先安装天线部分,天线尽可能升高。

电台频率设置为本地比较少用的一种,可以调试选择。

图 2-43　电瓶

④电源系统:GNSS 接收机和电台可使用同一电源,或采用双电源电池供电。基准站电台的发射功率大,耗电量也很大,可使用外接电源。当采用电瓶供电时,建议使用车载电瓶作为电源,用电源线连接电瓶时注意正负极,若正负极接反可能会烧坏电台。蓄电池在使用半年至一年后,系统的作用距离会变短,建议更换蓄电池,来保证电台的作用距离。(见图 2-43)

2)移动站

移动站(roving station)是指在基准站周围的一定范围内流动作业,实时提供所经各测站三维坐标的接收机。移动站包括以下几个部分:

①移动站 GNSS 接收机(见图 2-44):能够观测伪距和载波相位观测值;通过串口接收基准站的坐标、伪距、载波相位观测值;能够差分处理基准站和移动站的载波相位观测值。

②移动站电台及接收天线(见图 2-45):能够接收基准站观测的伪距和载波相位观测值、基准站坐标。

③电子手簿(见图 2-46):新建工程、选择坐标系统、输入控制点坐标、设置坐标系参数;连接和设置接收机工作模式,选择测量方式;查看卫星信息、接收机电量等。

项目 2　数字测图系统

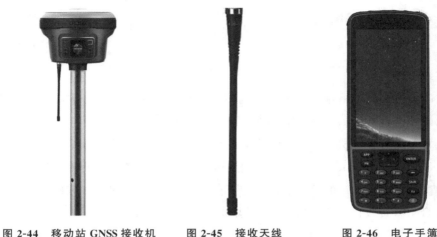

图 2-44　移动站 GNSS 接收机　　图 2-45　接收天线　　图 2-46　电子手簿

3) 数据链

RTK 系统中基准站和移动站的 GNSS 接收机通过数据链进行通信联系。因此，基准站与移动站系统都包括数据链。

(1) 数据链由调制解调器和电台组成。

调制解调器(MODEM)是将改正数进行编码和调制，然后输到电台上发射出去。用户电台将其接收下来，并将数据解调后，送入 GNSS 接收机进行改正。

电台是将基准站调制后的数据变成强大的电磁波辐射出去，能在作用范围内提供足够的信号强度，使移动站接收机能可靠地接收。基准站电台因为有发射功能，体积较大，耗电量也较大。发射频率和辐射功率的选择是数据链的重要问题，视作用距离而定。电台所使用的频率和电台功率必须经过国家和当地无线电管理部门批准，使用时可能会受到某些限制。例如 DL9 电台的频率范围为 410～470 MHz。

电台的发射功率与电源的电压有关，功率提高在一定程度上能扩大作用范围，但对电池的损耗也会增加。当遇到较强干扰时，应适当提高发射功率。

(2) 基准站和移动站数据链的作用。

基准站数据链：基准站的数据通过电缆输出到电台，然后从电台天线发射出去。

移动站数据链：由电台和电台天线组成，移动站电台一般内置在 GNSS 接收机内部，移动站电台天线接收基准站电台发射的数据，然后输到移动站内进行实时解算。

GNSS RTK 作业能否顺利进行，关键因素是无线电数据链的稳定性和作用距离是否满足要求。它与无线电数据链电台本身的性能、发射天线类型、基准站的选址、设备架设情况以及无线电电磁环境等有关。

2. 外挂电台仪器的架设

1) 基准站部分

①基准站点位选择。

基准站的点位必须严格选择。因为基准站接收机的每次卫星信号失锁都会影响系统内所有移动站的正常工作。选择基准站站点主要考虑以下几点：

a. 基准站 GNSS 接收机天线与卫星之间应无或少有遮挡物，即截止高度角应超过 15°。截止高度角(elevation mask angle)是为了削弱多路径效应、对流层延迟和电离层延迟等卫星定位测量误差影响所设定的角度值，低于此角度视野域内的卫星不予跟踪。

基准站 GNSS 接收机最好安置在开阔的地方，周围无信号反射物(大面积水域、大型建筑物等)，以减少多路径干扰；并要尽量避开交通要道、过往行人的干扰。

b. 用电台进行数据传输时，基准站宜选择在测区相对较高的位置，以方便播发差分改正信号，增加电台的作业半径。用移动通信进行数据传输时，基准站必须选择在测区有移动通信接收信号的位置。当发射功率一定时，电台发射距离随天线高度增加而增加，根据经验，电台发射距离和测站高度的关系式为：

$$D = 4.24 \times (\sqrt{h_{基准站}} + \sqrt{h_{移动站}}) \tag{2-1}$$

式中：D——数据链覆盖范围的半径(km)；

$h_{基准站}$——基准站电台的天线高(m)；

$h_{移动站}$——移动站的天线高(m)。

c. 基准站要远离微波塔、电视发射塔、雷达电视、手机信号发射天线等大型电磁辐射源 200 m 外，要远离高压输电线路、通信线路 50 m 外。

d. 基准站选在交通方便、地面稳固的地方，有利于站点的保存，同时方便以后使用。

e. 基准站接收机天线可安在已知坐标值点上，也可安置在未知点上，视情况而定，两种情况下都必须有一个实地标志点。基准站上仪器架设在已知点上要严格对中、整平。严格量取基准站接收机天线高，量取 2 次以上，符合限差要求后，记录均值。

②基准站架设。

a. 安置脚架与基准站接收机。

在基准站架设点安置脚架，安放铝盘在脚架上，然后使用 30 cm 加长杆连接脚架和接收机。(见图 2-47)

b. 连接高频鞭状天线和电台。

基准站电台要有天线才能传输 GNSS 接收机的原始数据，高频鞭状天线通过电台天线连接座连接到电台，如图 2-48 所示。

只要电缆长度足够，高频鞭状天线可架设在基准站点附近的任何位置。发射天线最好远离基准站主机 3 m 以上,这样可避免设备之间的相互干扰。电台数据发射的距离取决于高频鞭状天线架设的高度与电台发射功率。一般高频鞭状天线架设在三脚架上,使用增大电台发射功率和增加高频鞭状天线的高度的办法,能较好地提高电台的作用距离,移动站在基准站周围作业的范围将会扩大。

图 2-47　基准站架设

图 2-48　连接天线和电台

c. 连接 GNSS 接收机(见图 2-49)。

通过数传一体线(7 芯)与接收机底部 I/O 接口相连,另一端(5 芯)与电台数传线接口相连。主机和电台上的接口都是唯一的,在接线时必须红点对红点,拔出连线接头时一定要捏紧线头部位,不可直接握住连线强行拔出。正常工作时,GNSS 接收机接收卫星信号,将接收到的差分信号通过电台传输给高频鞭状天线,高频鞭状天线发射给移动站。

d. 连接电源。

GNSS 接收机和电台可使用同一电源,通常采用电源线(见图 2-50)连接电瓶,注意红正黑负。对基准站 GNSS 接收机供电的方式有两种:一种是使用内置电池,这样不需要电源线,只要把电池

图 2-49　连接 GNSS 接收机

插入接收机就可以;另一种是,如果基准站需要自动运行且时间较长,可与电台共用同一外接电源。

图 2-50　电源线

2)移动站部分

①移动站位置选择。

RTK 测量移动站不宜在隐蔽地带、成片水域和强电磁波干扰源附近观测。在信号受影响的点位,为提高效率,可将仪器移到开阔处,待数据链锁定后,再小心无倾斜地移回待定点。在穿越树林、灌木林时,应保证仪器安全。

②移动站架设。

移动站 GNSS 接收机安置在伸缩对中杆上,该杆可精确地在测点上对中、整平。测量前先输入天线高和选择量取方式(一般选择垂高),天线高也可固定,一般为 2 m。

③安置电台和棒状天线。现在移动站电台都内置在 GNSS 接收机里,移动站电台天线只用来接收信息,所以不用太长。将电子手簿使用托架夹在对中杆的适合位置。安卓手簿与 GNSS 接收机可使用 NFC/蓝牙/Wi-Fi 连接。

当基准站和移动站接收机按照上面的步骤安装完毕后,对连接部分进行检查,看是否连接可靠。外挂电台模式仪器的架设如图 2-51 所示。

3. 软件设置

1)基准站的设置

①基准站架设点要求。

基准站可以架在已知点或未知点上,这两种架法都可以使用,但在校正参数时操作步骤有所差异。

图 2-51 外挂电台模式仪器的架设

a. 当基准站架设在已知点上时,使用电子手簿输入点的 WGS-84 坐标进行启动。WGS-84 坐标可以通过布设好的静态控制网,从静态处理结果中获取。

b. 当基准站架设在未知点上时,使用 GPS 接收机进行单点定位,测量出基准站所在位置的点的 WGS-84 坐标,在电子手簿上使用该坐标进行基准站启动。

②基准站工作模式设置。

短按电台上的电源键打开电台,进入电台的显示面板设置信道(信道默认为 7)、功率(根据作业距离进行选择)。

短按电源键开启基准站接收机,主机开始自动初始化和搜索卫星。当基准站接收机正常搜星后卫星灯每隔 5 s 闪 N 次(N 为搜索到的卫星颗数,$N>5$),即可进入软件设置基准站接收机。

主机开机后将电子手簿背面 NFC 区域贴近接收机 NFC 处,LandStar 7 软件会自动打开。听到"滴"的一声代表电子手簿已连接上了接收机,随后 LandStar 7 软件会提示"已成功连接接收机"。

然后进入工作模式界面,接受默认工作模式——自启动基准站-外挂电台(115200),接受此工作模式成功后,基准站设置完成。基准站接收机正常发送数据时,主机上的差分信号灯会每隔 1 s 进行闪烁,颜色为黄色。

2)移动站的设置

①打开接收机。

短按电源键开启移动站接收机,主机开始自动初始化和搜索卫星。如移动站接收机正常搜星后卫星灯每隔 5 s 闪 N 次（N 为搜索到的卫星颗数，$N>5$），即可进入软件设置移动站接收机。

②移动站工作模式的设置。

移动站开机后将电子手簿背面 NFC 区域贴近接收机 NFC 处，LandStar 7 软件会自动打开。听到"滴"的一声代表电子手簿已连接上了接收机，随后 LandStar 7 软件会提示"已成功连接接收机"。

然后进入工作模式界面，接受默认工作模式——自启动移动站-华测电台，接受此工作模式成功后，移动站设置完成。移动站接收机正常接收数据时，主机上的差分信号灯会每隔 1 s 进行闪烁，颜色为绿色。

③测量点的类型有单点解（single）、差分解（DGNSS）、浮点解（float）和固定解（fixed）。浮动解是指整周模糊度已被解出，测量还未被初始化。固定解是指整周模糊度已被解出，测量已被初始化。

RMS 是一个均方根（root mean square），用来表示点的测量精度。它是在大约 70% 的位置固定点内的误差圆半径。它可用距离单位或波长周数表示。RTK 的定位精度一般要求平面精度是 10 mm+2 ppm，高程精度是 20 mm+2 ppm；只有移动站的定位精度满足作业要求后，才能进行 RTK 测量工作。

④新建工程。

无论在何种作业模式下工作，都必须首先新建一个工程对数据进行管理。进入项目—工程管理，点击"新建"。

在弹出的对话框中输入工程名称、选择或新建坐标系、新建代码集或选择默认代码。完成坐标系和代码集的选择或新建之后，点击"确定"，即完成了工程的新建。

⑤参数计算。

详细的参数计算过程请参考后面内容。

⑥采集数据或进行放样。

将对中杆对立在需测的点上，当软件界面的状态达到"固定解"时，点击测量图标开始保存数据。此时需要输入点名和天线高，量测方式选择"垂高"。

⑦数据导出。

点击"导出"，选择需要导出的点类型、文件类型和存储路径，然后对文件进行命名，最后点击"导出"，提示"导出成功！"则代表数据已成功导出。打开电子手簿的文件管理器，找到导出的数据文件。用数据线连接电子手簿和计算机即可将数据拷贝至计算机，也可使用蓝牙传输。图 2-52 所示为导出测量点、文件类型为 .csv、内容为名称、neh 坐标的界面。

图 2-52 数据导出

2.2.2.3 三维激光扫描设备

1. 三维激光扫描观测站理论基础

1)三维激光扫描仪简介

三维激光扫描技术是随着当代地球空间信息科学发展而产生的一项高新技术,随着三维激光扫描仪在工程领域的广泛应用,这种技术已经引起了广大科研人员的广泛关注。三维激光扫描系统由三维激光扫描仪、数码相机、扫描仪旋转平台、软件控制平台、数据处理平台及电源和其他附件设备共同构成。它克服了传统测量方法条件限制多、采集效率低下等劣势,可以深入任何复杂的现场环境及空间中进行扫描操作,并可以直接实现各种大型的、复杂的、不规则的、标准或非标准的实体或实景三维数据完整的采集,进而快速重构出实体目标的三维模型及线、面、体、空间等各种制图数据。

三维激光扫描仪认识

2)三维激光扫描仪的分类

三维激光扫描技术在近几年得到了飞速的发展,成为多领域、多用途的一门应用技术。应用于不同领域的三维激光扫描仪的诞生代表了三维激光扫描技术的发展水平,目前应用的三维激光扫描系统种类繁多,类型、工作领域不尽相同。按照不同的研究角度、工作原理等可进行多种分类。

(1)根据操作的空间位置分类。

①机载型激光扫描系统:这类系统在小型飞机或直升机上搭载,由激光扫描仪(LS)、成像装置(UI)、定位系统(GPS)、飞行惯导系统(INS)、计算机及数据采集器、记录器、处理软件和电源构成,如图2-53所示。它可以在很短时间内取得大范围的三维地物数据,如图2-54所示。

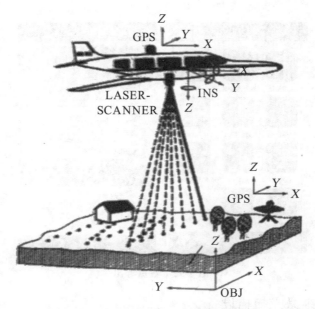

图 2-53 机载型激光扫描系统示意图

图 2-54 三维成果图

②地面型激光扫描系统:是一种利用激光脉冲对被测物体进行扫描,可以大面积、快速度、高精度、大密度地取得地物的三维形态及坐标的测量设备。根据测量方式它还可划分为两类:一类是移动式激光扫描系统;另一类是固定式激光扫描系统。

所谓移动式激光扫描系统,是基于车载平台,由全球定位系统(GPS)、惯性导航系统(IMU)结合地面三维激光扫描系统组成,如图 2-55 所示。

固定式激光扫描系统,类似传统测量中的全站仪。该系统由激光扫描仪及控制系统、内置数码相机、后期处理软件等组成。与全站仪的不同之处在于,固定式激光扫描仪采集的不是离散的单点三维坐标,而是一系列的"点云"数据。其特点为扫描范围大、速度快、精度高、具有良好的野外操作性能,如图2-56所示。

图2-55 车载式激光扫描系统

图2-56 固定式激光扫描系统

③手持型激光扫描仪:多用于采集小型物体的三维数据,一般配以柔性机械臂使用;优点是快速、简洁、精确;适用于机械制造与开发、产品误差检测、影视动画制作与医学等众多领域,如图2-57、图2-58所示。

图2-57 产品检测激光扫描仪

图2-58 影视制作激光扫描仪

(2)按照激光光束的发射方式分类。

按照激光光束的发射方式,三维激光扫描仪可划分为:灯泡式扫描仪,如图2-59(a)所示;三角法扫描仪,如图2-59(b)所示;扇形扫描仪,如图2-59(c)所示。

(3)按照扫描仪的扫描成像方式划分。

①摄影扫描式。此类型的扫描仪扫描瞬时视场有限,它与摄影相机类似;适用于室外物体扫描,尤其是对于长距离的扫描很有优势,如图2-60(a)所示。

②全景扫描式。此类型的扫描仪视场局限于仪器的自身,如三脚架,它适用于室内宽视角扫描,如图2-60(b)所示。

 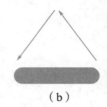 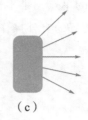

(a)　　　　　　　　　(b)　　　　　　　　　(c)

图 2-59　按激光光束发射方式分类

③混合型扫描式。它集成了上述两种类型的优点,水平方向的轴系旋转不受任何的限制,而垂直方向上的旋转受镜面的局限,如图 2-60(c)所示。

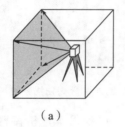 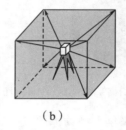 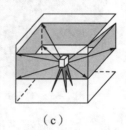

(a)　　　　　　　　　(b)　　　　　　　　　(c)

图 2-60　按扫描成像方式分类

(4)按扫描仪测距方式划分。

①脉冲式:大多数的扫描仪测距都采用这种原理,其测距范围可达到数百米,甚至上千米,而且不受环境光线影响;但扫描频率较低,单点定位精度稍差;适用于大型工程和室外。

②相位式:扫描范围一般在 100 m 内,与脉冲式相比,它的扫描频率和精度较高,但是在一定程度上受环境光线影响,不适宜晴天时在室外进行大于 20 m 的工作。

③三角测距式:这种方式的测量距离有限,一般在几米到几十米,受环境光线影响较大,但扫描频率快、精度高,适用于室内且对精度要求很高的情况,主要应用于逆向建模等工程中。

项目 3　数字测图控制测量

教学目标

本项目介绍了大比例尺数字测图控制网技术设计编制的步骤、方法及在其整个过程中应注意的问题。重点介绍控制网的布设形式和控制网布设的特点。目的是使学生能够掌握野外数字测图技术设计的编写和图根控制测量的方法、大比例尺数字测图控制技术设计相关要求和编写、图根控制测量的基本方法。

思政目标

本项目主要通过大比例尺数字测图控制技术的学习,以 1∶500、1∶1000、1∶2000 基础数字地形图测绘规范的讲解为切入点,环环相扣、论证严密、结构严谨,让学生明白凡事预则立不预则废、提高技能、持续学习、精益求精的道理,意识到谦虚谨慎做人、踏实认真做事的重要性。

任务 3.1　大比例尺数字测图控制技术设计

◎思考

1. 控制测量的任务是什么?
2. 控制测量工作的程序主要有哪些?

3.1.1　概述

1. 技术设计的主要任务

(1)根据生产任务,结合测区具体情况,拟定最佳控制网布设方案。

大比例尺数字测图控制技术设计(一)

大比例尺数字测图控制技术设计(二)

(2)确定适宜的精度等级。

(3)拟定建网实施计划。

2. 控制网(点)的密度和精度要求

控制网(点)的密度和精度,原则上应满足各种工程建设和测绘不同比例尺地形图的要求。做到:精度上远期着眼、密度上近期着手。

1)平面控制点的密度

航测成图,平面控制点距:$D=1.07\sqrt{A}$。

例如 1/10000 航测成图,$A=50 \text{ km}^2$,平面控制点平均点距:$D=1.07\times 7.071 \text{ km}=7.6 \text{ km}$。

白纸成图,平面控制最大点距:$D=(1-0.15)\times 2L$。

例如 1/2000 白纸成图,$L=200 \text{ m}$,平面控制点平均点距:$D=0.85\times 2\times 200 \text{ m}=340 \text{ m}$。

2)平面控制点的精度

原则上,精度应同时满足工程测量与地形测图的精度要求。

测绘时,四等以下点的中误差小于图上 0.1 mm,对于 1:500 和 1:1000 比例尺地形图就是 5 cm 和 10 cm。

工程放样及改扩建工程时,放样点的位置误差为 5~20 cm。

所以,点位精度只要优于 5 cm,就能满足要求。

3)高程控制网的精度和密度要求

高程控制网的精度和密度取决于测图比和等高距。规范规定:对于 1/1000~1/2000 比例尺图,其等高距:平原地区为 0.5~1 m;山区为 1~2.5 m。

图根点对附近高程控制点的高程中误差应小于等高距的 1/10,即:平原地区为 0.05~0.1 m;山区为 0.10~0.25 m。

3.1.2　控制网布设的基本形式及精度估算

1. 控制网布设的基本形式

1)平面控制网布设的基本形式

形式:三角网、导线网、边角网、测边网、GPS 网。

特点:三角网是传统方法,精度高;导线网使用方便,缺点明显;边角网观测量大,精度比三角网高;测边网较少用到;GPS 网精度很高,更适合大网。

2)高程控制网布设的基本形式

形式:水准网(附合、闭合、支、节点);三角高程网。

特点:精度不同;适合场所不同。

2. 导线网的精度估算

估算的步骤和方法:

(1)应用单一导线终点坐标中误差公式。

(2)将设计的导线网分解成若干单一导线,分别计算 m_x, m_y,并用 m_{x_i}, m_{y_i} 表示,则:$p_{x_i}=1/m_{x_i}, p_{y_i}=1/m_{y_i} (i=1,2,\cdots,n)$。

(3)用等权代替法估算所求点的点位中误差。

【例1】 如图 3-1 所示,附合导线最弱点 O 的精度估算。

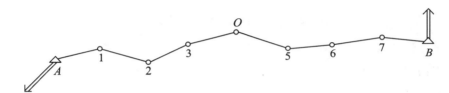

图 3-1 附合导线图

计算 AO 和 BO 两条导线的 $m_{x_{AO}}, m_{y_{AO}}, m_{x_{BO}}, m_{y_{BO}}$ 及 $p_{x_{AO}}, p_{y_{AO}}, p_{x_{BO}}, p_{y_{BO}}$,得

$$p_{x_O} = p_{x_{AO}} + p_{x_{BO}}$$
$$p_{y_O} = p_{y_{AO}} + p_{y_{BO}}$$

最后计算 O 点的点位中误差: m_{x_O}, m_{y_O}, m_O。

【例2】 如图 3-2 所示,进行单节点网的精度估算。

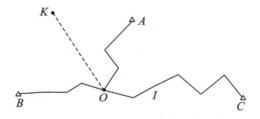

图 3-2 单节点网的精度估算示例图

(1)最弱点为 I 点,将导线分解为 AO、BO、CO、IO 四条。

(2)分别计算 m_x、m_y。

(3)将 AO、BO 组成虚拟等权路线 KO,计算 $m_{x_{AO}}, m_{y_{AO}}$,计算权倒数:

$$m^2_{x_{KO+IO}} = m^2_{x_{KO}} + m^2_{x_{IO}}; \quad m^2_{y_{KO+IO}} = m^2_{y_{KO}} + m^2_{y_{IO}}$$

或

$$\frac{1}{p_{x_{KO+IO}}} = \frac{1}{p_{x_{KO}}} + \frac{1}{p_{x_{IO}}^2} ; \frac{1}{p_{y_{KO+IO}}} = \frac{1}{p_{y_{KO}}} + \frac{1}{p_{y_{IO}}}$$

(4)计算待估点 I 的中误差：

$$m_{x_I}^2 = \frac{1}{p_{x_I}} = \frac{1}{p_{x_{KO+IO}}} + \frac{1}{p_{x_{CI}}} ; m_{y_I}^2 = \frac{1}{p_{y_I}} = \frac{1}{p_{y_{KO+IO}}} + \frac{1}{p_{y_{CI}}}$$

3. 高程控制网的精度估算

在高程控制网中，应对最弱点进行精度估算。

(1)支水准路线的精度估算如图 3-3 所示。

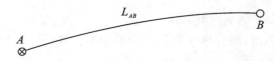

图 3-3　支水准路线的精度估算示例图

①水准路线的权一般取路线长度，即 $P_B = 1/L_{AB}$。

②B 点高程中误差：

$$M_B = \pm m_\Delta \sqrt{\frac{1}{P_B}} = \pm m_\Delta \sqrt{L_{AB}}$$

(2)附合水准路线的精度估算如图 3-4 所示。

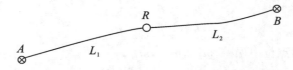

图 3-4　附合水准路线的精度估算示例图

$$M_{L_1} = \pm m_\Delta \sqrt{L_1} ; M_{L_2} = \pm m_\Delta \sqrt{L_2}$$

R 点高程中误差：

$$M_R^2 = \frac{M_{L_1}^2 \cdot M_{L_2}^2}{M_{L_1}^2 + M_{L_2}^2}$$

3.1.3　在技术设计中应注意的若干问题

1. 对已有测绘资料的分析和利用

1)平面控制网

(1)原有起始数据的来源、坐标系、等级、质量情况；

(2)投影带和投影面的选择，是否满足工程测量需要；

(3)测距仪检定间隔时间,测距仪改正数是否正确等;
(4)依控制网几何条件检查观测质量情况;
(5)平差后观测角的改正数的大小;
(6)仪器检验项目和精度,观测成果取舍是否合理;
(7)成果中是否存在较严重的系统误差影响;
(8)平差方法是否合理;
(9)精度评定是否正确,精度是否满足应用要求。
2)高程控制网
(1)原有高程成果的高程系统、等级、质量等;
(2)布网的图形及其点位密度;
(3)标石类型、浇灌、埋设质量;
(4)线路的闭合差,每公里高差中数的偶然中误差和全中误差;
(5)平差方法是否适当,观测成果取舍是否合理;
(6)起算水准点是否经检测,检测结果是否合乎规定;
(7)水准仪的水准标尺是否进行过检验,仪器检验项目是否齐全。

2. 工程测量投影带和投影面的选择

城市(或工程)坐标系的建立可归结为"投影带和投影面的选择"。城市坐标系的建立应以长度变形<2.5 cm/km为原则,具体如下:

当长度变形<2.5 cm/km时,采用国家标准3°高斯正形投影;当长度变形≥2.5 cm/km时,依次采用:

(1)抵偿高程投影面,3°高斯正形投影。
(2)投影面:平均海水面或平均高程面。投影带:任意带高斯正形投影。
(3)当面积小于25 km² 时,直接建立平面直角坐标系。

1)有关投影变形的基本概念
(1)实量边长归算至椭球面,其变形如式(3-1)所示:

$$\Delta s_1 = \frac{s \cdot H_m}{R} \tag{3-1}$$

(2)椭球面边长至高斯投影面,其变形如式(3-2)所示:

$$\Delta s_2 = \frac{1}{2}\left(\frac{Y_m}{R_m}\right)^2 s_0 \tag{3-2}$$

所谓投影变形,系以上两种变形之和。

2)工程测量中平面控制网的精度要求

投影变形应满足工程测量和大比例尺测图的要求。

通常,工程放样的精度要求为 1/5000～1/20000,如投影变形引起的误差是放样误差的 1/2,即 1/10000～1/40000,也就是每千米长度变形不应大于 2.5 cm。

3)工程测量中投影面和投影带选择的出发点

(1)在满足精度的前提下,尽量采用国家统一的 3°高斯正形投影。

(2)当边长的两次改正不能满足精度要求时,可选用任意带高斯投影,参考面可自行选定:

①改变 H_m 选择高程参考面,抵偿投影变形;

②改变 Y_m 选择中央子午线,以抵偿高程面的边长归算到椭球面的投影变形;

③同时改变 H_m 和 Y_m,来共同抵偿两项归算改正变形。

3.1.4 技术设计编制的步骤和方法

1. 编写技术设计书的依据

(1)上级下达的任务和要求;
(2)国家统一制定的相关规范,上级有关的技术指示或补充规定;
(3)测区内已有的成果、成图资料及其技术总结或质量情况等资料;
(4)测区的勘选资料;
(5)测绘工作的作业定额和材料、装备情况。

2. 技术设计书的主要内容

1)技术设计图

(1)全部设计的工程工作量和辅助工作量。
(2)控制网的起算点及起算系统。
(3)图上应标明比例尺、主要城镇、主要交通线、主要水系、境界、图名和图幅编号以及经纬度。
(4)对已有资料要简单标明质量情况及主要数学精度指标,并根据图上设计的结果,标出各种精度预期的指标及质量估计。

2)技术设计说明

(1)设计的目的和作业区的范围;
(2)测区的自然地理概况;
(3)测区原有成果分析;
(4)技术设计方案主要说明,如选取的布网方案、合理的作业方法、预期精度及各工序的工作量等；
(5)踏勘报告；
(6)各种设计图表(包括人员组织、作业安排等)；
(7)主管部门的审批意见。
3)编写技术设计的步骤和方法
(1)了解任务的目的和要求。
(2)收集、分析鉴定有关资料。
(3)图上设计。
①将已有的各种等级的控制点,用不同的符号和颜色准确标出,同时标出制高点、地貌骨干地性线、测区范围和分幅图廓线等；
②拟定点的密度和构网图形,从已知点开始首先考虑和起始边的连接图形,随后拟定新、旧网的联测计划和各控制点的构网图形；
③必要时需进行通视估计计算；
④图上网形拟定后,即进行精度估算。
(4)图上设计结束后,应到测区进行实地选点。
(5)网形结构若有变动,要再一次进行精度估算。
(6)选定测区投影带和投影面。
(7)根据拟定的布设方案、精度估算结果,选择适宜的作业方法等。
(8)编制出合理的工程进度表,以保证按质、按量、按期完成任务。
(9)方案最终确定后,编写技术设计说明书。

3.1.5　控制网的选点与埋石

1. 实地选点

选点步骤：
(1)先到已知点上,判明该点与相邻已知点在图上和实地的相对位置关系,然后检查该点的标石觇标的完好情况。
(2)按已知方向标定测板的方位,用罗盘仪测出磁北方向,并按设计图检查各方向的通视情况。
(3)依照设计图到实地去选定其他点的点位,并在小平板上画出方向线,用交会法确定预选点的点位。这样逐点推进,直到全部点位在实地上都选定为止。
选点工作结束后,应交以下资料：

(1)选点图。图上应注明点名和点号,并绘出交通干线、主要河流和居民地点等。

(2)控制点位置说明。填写点的位置说明,是为了日后寻找点位及使用的方便。

(3)文字说明。包括:任务要求、测区概况、已有测量成果及精度情况、设计的技术依据、旧点的利用情况等。

2. 标石的埋设

1)中心标石的类型

标石分盘石和柱石两个独立体。柱石和盘石的顶部中央均嵌一个标志,此标志的中心就是埋石的中心。

(1)一般地区的标石。

在非流沙、非岩石地区,三、四等控制点的标石由盘石和柱石组成。Ⅰ、Ⅱ级控制点,一般只埋设标石。

(2)岩石地区的标石。

岩石地区埋设控制点的标石,是在岩石上凿坑,然后在坑中浇灌混凝土并嵌入标志。

岩石地区各等平面控制点标石埋设图,三、四等平面控制点埋设规格如图 3-5、图 3-6 所示。

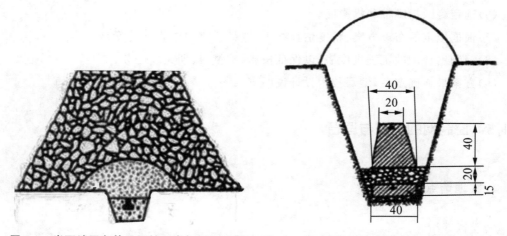

图 3-5 岩石地区各等平面控制点标石埋设图　图 3-6 三、四等平面控制点埋设规格(单位:cm)

2)中心标石的埋设

(1)坑底要填砂石,并夯实、整平;然后埋下盘石和柱石;随后,将周围的新土夯实,以防标石倾斜和位移。

(2)各层标石(包括盘石和柱石)的标志中心,应在同一铅垂线上,最大偏差不应超过 3 mm。

(3)在泥土松软地区埋设标石时,应在盘石下面浇灌混凝土底层。

(4)标石埋好后应整饰外围。

任务3.2　图根控制测量

◎思考

1.控制测量的目的与作用是什么?
2.控制测量的分类有哪些?
3.控制测量的等级是如何区分的?

3.2.1　全站仪三维导线布设和施测

图根控制测量
(一)

1.控制测量的目的与作用

(1)为测图或工程建设的测区建立统一的平面控制网和高程控制网。
(2)控制误差的积累和传播。
(3)作为进行各种碎部测量的基准。

图根控制测量
(二)

2.有关名词

(1)小地区(小区域):不必考虑地球曲率对水平角和水平距离影响的范围。
(2)控制点:具有精确可靠平面坐标或高程的测量基准点。
(3)控制网:由控制点分布和测量方法决定所组成的图形。
(4)控制测量:为建立控制网所进行的测量工作。

3.控制测量分类

(1)按内容分:
平面控制测量:测定各平面控制点的坐标 X、Y。
高程控制测量:测定各高程控制点的高程 H。
(2)按精度分:一等、二等、三等、四等;一级、二级、三级。
(3)按方法分:天文测量、常规测量(三角测量、导线测量)、卫星定位测量。
(4)按区域分:国家控制测量、城市控制测量、小区域控制测量。

4. 平面控制网

1)控制网的形式

控制网的形式如图3-7所示。

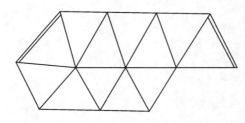

(a)三角网(三边网)

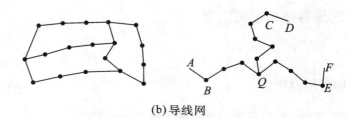

(b)导线网

图3-7 控制网的形式

(1)三角网:测定三角形的所有内角以及少量边长。

(2)三边网:测定三角形的所有边长。

(3)导线网:测定各边的边长和相邻边的夹角。

2)平面控制网的等级划分及其技术要求

(1)等级划分条件:包括导线平均边长、测角精度要求、测边精度要求、三角形角度闭合差、起始边相对中误差。

(2)等级划分。

①国家三角控制网:按精度分为一、二、三、四4个等级,精度逐级降低。

②城市平面控制网:

a.三角网:二、三、四等三角网和一、二级小三角网。

b.导线网:三、四等导线网和一、二、三级导线网。

③小地区控制网(≤10 km²):首级控制网及图根控制网。

3)工程中建立平面控制网的施测方法

(1)导线测量:用于在狭长地带、山区以及道桥工程中建立平面控制网,测定导线边长及相邻导线边的导线转折角。

(2)小三角测量:用于在丘陵或山区测图所建立的控制网测量,测量各三角形的所有内角及基线长度。

(3)交会定点:加密控制点常用方法(前方交会法、后方交会法及侧方交会法等)。

5. 高程控制网的技术要求及等级划分

1)技术要求

路线长度、每公里高差中误差、闭合差。

2)等级划分

(1)国家水准网:分一、二、三、四等,一、二等采用精密水准测量方法建立,三、四等水准网可直接为地形测图及工程建设提供高程控制点。

(2)城市高程控制网:分二、三、四三个等级。

(3)小地区高程控制网:以国家或城市等级水准点为基础,建立单一水准路线或水准网。

建立高程控制网的方法有高精度水准测量方法和三角高程测量方法。

6. 国家水准网

在全国领土范围内,一系列按国家统一规范测定高程的水准点构成的网称为国家水准网。水准点上设有固定标志,以便长期保存。国家水准网按逐级控制、分级布设的原则分为一、二、三、四等,其中一、二等水准测量称为精密水准测量。

一等水准是国家高程控制的骨干,沿地质构造稳定和坡度平缓的交通线布满全国,构成网状。一等水准路线全长为 93 000 多千米,包括 100 个闭合环,环的周长为 800~1500 km。

二等水准是国家高程控制网的全面基础,一般沿铁路、公路和河流布设。二等水准环线布设在一等水准环内,每个环的周长为 300~700 km,全长为 137 000 多千米,包括 822 个闭合环。沿一、二等水准路线还要进行重力测量,以提供重力改正数据。

一、二等水准环线要定期复测,检查水准点的高程变化供研究地壳垂直运动用。

三、四等水准直接为测制地形图和各项工程建设用。三等水准环不超过 300 km;四等水准一般布设为附合在高等级水准点上的附合路线,其长度不超过 80 km。

全国各地地面点的高程,不论是高山、平原的高程还是江河湖面的高程,都是根据国家水准网统一测算的。

7. 国家城市控制网

国家城市控制网有首级控制网和图根控制网。

1)首级控制网

对于小区域工程建设,由于国家等级控制点点位较稀少,为了满足工程测量的需要,还要在测区内建立首级控制网,也称为五等平面控制网,作为测区的首级平面控制网。首级平面控制网的布设也分为三角测量和导线测量。

2)图根控制网

工程建设常常需要大比例尺地形图,为了满足测绘地形图的需要,必须在首级控制网的基础上对控制点进一步加密。控制网可采用导线、小三角、交会法等形式。控制网可以附合于国家高级控制点上,形成统一坐标系统,也可布设成独立控制网,采用假定坐标系统。

表 3-1 所示为城市导线测量的主要技术指标。

表 3-1 城市导线测量的主要技术指标

等级	导线长度/km	平均边长/km	测角中误差/″	测距中误差/mm	测回数			方位角闭合差/″	导线全长相对闭合差
					DJ1	DJ2	DJ6		
三等	15	3	±1.5	±18	8	12	—	$±3\sqrt{n}$	≤1/60 000
四等	10	1.6	±2.5	±18	4	6	—	$±5\sqrt{n}$	≤1/40 000
一级	3.6	0.3	±5	±15	—	2	4	$±10\sqrt{n}$	≤1/14 000
二级	2.4	0.2	±8	±15	—	1	3	$±16\sqrt{n}$	≤1/10 000
三级	1.5	0.12	±12	±15	—	1	2	$±24\sqrt{n}$	≤1/6 000

注:n 为测站数。

图根控制测量主要是在测区高级控制点密度满足不了大比例尺数字测图需求时,适当加密布设而成。当前,数字测图工作主要是大比例尺数字地形图和各种专题图的测绘,随之控制测量部分主要是进行图根控制测量。图根控制测量主要包括平面控制测量和高程控制测量。平面控制测量确定图根点的平面坐标,高程控制测量确定图根控制点的高程。

大比例尺数字测图既可以用传统的先控制后碎部测量,采用先整体后局部的作业方法,也可以采用图根控制测量和碎部测量同时进行的一步测量法。对于高等级的测量,一般采用传统的先控制后碎部的作业原则。

图根控制布设,是在各等级控制下进行加密,一般不超过两次附合。在较小的独立测区测图时,图根控制可作为首级控制。

图根控制点的个数根据测区地形和测图比例尺确定。利用全站仪采集碎部点,一般以在 500 m 以内能测到碎部点为原则,如平坦而开阔地区一般图根控制点的密度为:当测图比例尺为 1∶2000 时,图根点数目不少于 4 个/千米^2;当测图比例尺为 1∶1000 时,图根点数目不少于 16 个/千米^2;对于 1∶500 比例尺测图,图根点数目不少于 64 个/千米^2。

8. 图根控制点布设方法——导线法

图 3-8 所示分别为附合导线、闭合导线和支导线。

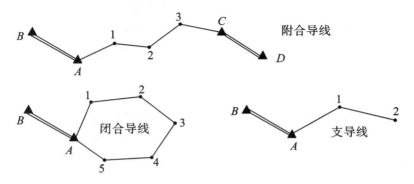

图 3-8 附合导线、闭合导线和支导线

1) 导线测量的外业工作

(1) 踏勘选点及建立标志。

①资料搜集：测区及附近已有地形图和控制点。

②导线点位置的选择：

a. 相邻导线点间要通视；

b. 应选在土质坚实处，以保存和安置仪器；

c. 视野开阔，便于碎部测量；

d. 相邻导线的边长应大致相等；

e. 导线点应分布均匀，以便控制整个测区。

③建立标志，如图 3-9 所示。

a. 临时控制点应打上木桩，木桩与地面齐平，中心钉钉。

b. 永久控制点则应制成混凝土桩或石桩。

c. 绘制点的标记（见图 3-10）。

(2) 观测转折角（或内角）和连接角：采用测回法测角，如图 3-11 所示。

①附合导线：城市测量一般观测导线前进方向的左角，铁路测量一般观测导线前进方向的右角。

②闭合导线：观测内角。

③连接角：各图中 β_1、β_A 均为连接角。

(3) 边长测量：用全站仪、测距仪或钢尺进行精密测距，以测量导线边长，读数到毫米。

(4) 内业计算。

导线测量内业计算的目的是计算各导线点的坐标。

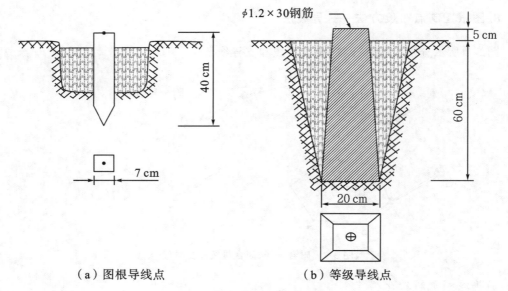

（a）图根导线点　　　　　　　（b）等级导线点

图 3-9　建立标志

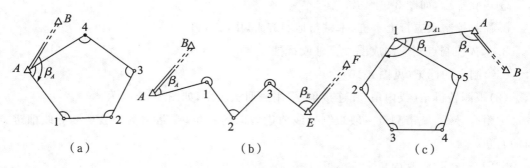

图 3-11　测回法测角示例图

计算之前,应全面检查导线测量的外业记录：

数据是否齐全,有无遗漏、记错或算错,成果是否符合规范的要求。

检查无误后,就可以绘制导线略图,将已知数据和观测成果标注于图上。

开工前的准备工作:
①选择适当测角精度、测距精度的全站仪;
②仪器检校(开工后定期检校);
③记录和显示内容设置。

2)操作程序

(1)导线布设:根据测区范围将控制网布设成不同形状的闭合导线。

当测区范围呈块状时将导线布设成常规的多边形闭合导线。

当测区范围呈长条形时,宜布设成往返形交错导线。

(2)坐标测量:在每一个测站进行设置后对后视点返测一次,进行测站及误差限检核,进而取往返观测的平均坐标来计算测站点的坐标,以提高精度。然后按照测站点往返测坐标均值及后视点坐标重新设置方位角进行前视点坐标测量。

以图 3-12 坐标测量为例,来讲解坐标测量的步骤。

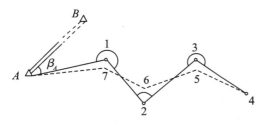

图 3-12 坐标测量

步骤 1:按照控制网等级在全站仪上设置平距、方位角、高差的限差,供测站检查。

步骤 2:在已知点 A 对中、整平,进入导线测量程序进行测站数据的输入,输入后视点 B 的方位角或 B 点坐标,设置距离测量各参数,如气温、气压、棱镜参数和测量模式(控制应"精测 3 次,取平均值")。输入仪器高、棱镜高。

步骤 3:全站仪精确照准后视点 B,测量、检核。在导线测量程序提示下,选择导线点测量,全站仪精确照准 1 点,测量,仪器自动连续观测 3 次,取平均值,保存 1 点的测量坐标$(X_{1初}, Y_{1初}, H_{1初})$,则 1 点相对于 A 点的坐标初增量为:

$$\Delta X_{A1初} = X_{1初} - X_A$$
$$\Delta Y_{A1初} = Y_{1初} - Y_A$$
$$\Delta H_{A1初} = H_{1初} - H_A$$

步骤 4:将仪器搬至 1 点,调用 1 点的初测坐标作为测站数据。以 A 为后视点,建站(输入后视坐标或方位角、各参数、仪器高、棱镜高)。照准 A 点,可测得 A 点的返测坐标$(X_{A返}, Y_{A返}, H_{A返})$,提示误差在限差范围内,保存 A 点的返测坐标,则 A 点相对于 1 点的坐标初增量为:

$$\Delta X_{1A返} = X_{A返} - X_1$$
$$\Delta Y_{1A返} = X_{A返} - X_1$$
$$\Delta H_{1A返} = X_{A返} - X_1$$

则 1 点相对于 A 点的平均坐标增量为：

$$\Delta X_{A1\text{平}}=(\Delta X_{A1\text{初}}-\Delta X_{1A\text{返}})/2$$
$$\Delta Y_{A1\text{平}}=(\Delta Y_{A1\text{初}}-\Delta Y_{1A\text{返}})/2$$
$$\Delta H_{A1\text{平}}=(\Delta H_{A1\text{初}}-\Delta H_{1A\text{返}})/2$$

1 点的往返平均坐标为：

$$X_{1\text{平}}=X_A+\Delta X_{A1\text{平}}$$
$$Y_{1\text{平}}=Y_A+\Delta Y_{A1\text{平}}$$
$$H_{1\text{平}}=H_A+\Delta H_{A1\text{平}}$$

以上无须人工计算，只需按全站仪的"Result"功能键，仪器自动显示的就是 1 点的往返平均坐标，输入点号、保存即可。以此类推，将仪器搬至 2 点，后视 1 点，建站、观测、记录；再将仪器搬至 3 点，后视 2 点，建站、观测、记录，求出 2 点的往返平均坐标。……

当闭合至已知点 A 时，选择结束导线测量程序，闭合点自动记为 END。

步骤 5：调整导线点闭合差。导线点平差由导线测量功能下的导线调整子菜单功能自动完成，或用其他平差软件进行平差即可。

注意：导线精度评定。

3）三联脚架法

三联脚架法是一种提高导线测角和测距精度的导线测量方法，常用于精密短边导线的测角和测距中。为了减弱仪器对中误差和目标偏心误差对测角和测距的影响，一般使用三个既能安置全站仪又能安置带有觇牌（反射棱镜）的基座和脚架，基座具有通用光学对中器。

施测时将全站仪安置在第 1 站的基座中，棱镜分别安置在后视点 $i-1$ 和前视点 $i+1$ 的基座中，进行导线测量，分别读取五种观测值：水平角 β、距离 S、竖角 α、仪器高 i、目标高 v。当测完一站向下一站迁站时，导线点 i 和点 $i+1$ 上的脚架和基座不移动，只是从基座上取下全站仪和带有觇牌的反射棱镜，将全站仪安置在第 $i+1$ 站的基座上，在第 i 站上安置棱镜，再将第 $i-1$ 站的仪器迁到第 $i+2$ 站，随后再如前一站进行观测，直到整条导线测量完毕。

导线测量

3.2.2 一步测量法、辐射法和支站法

1. 一步测量法

除了按传统的作业程序进行施测以外，还可以采用图根导线与碎部测量同时作业的一步测量法，即在一个测站上，先测导线的数据，接着就测碎部点。如图 3-13 所示，A、B、C、

D 为已知点,$1,2,3,\cdots$ 为图根导线,$1',2',\cdots$ 为碎部点。

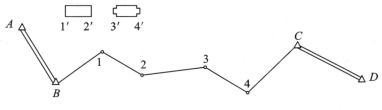

图 3-13　一步测量法

①全站仪置于 B 点,后视 A 点,照准 1 点测水平角、垂直角和距离,求得 1 点坐标。

②不搬运仪器,再后视 A 点为零方向,施测 B 站周围的碎部点 $1',2',\cdots$。根据 B 点坐标可计算碎部点坐标(近似坐标)。

③B 站测量完,仪器搬到 1 点,后视 B 点,前视 2 点,测角、测距,得 2 点坐标,同时施测 1 点周围的碎部点,根据 1 点坐标,可得周围碎部点坐标。

同理,依次测得各导线点坐标和该站周围的碎部点坐标,但要注意及时标注点号、勾绘草图。

④待测至 C 点,由 B 点到 C 点的导线测量数据,计算附合导线闭合差。若超限,则找出错误,重测导线;否则用计算机对导线重新进行平差处理。再利用平差后的导线坐标,重算各碎部点的坐标值。

一步测量法对图根控制测量少设一次站,少跑一遍路,提高了外业效率,尤其是使用全站仪测图效果非常明显,但它只适合于数字测图,且注意每一站碎部测量之前要进行"三项检查"。

2. 辐射法

辐射法就是在某一通视良好的等级控制上,用极坐标测量方法,按全圆方向观测方式,依此测定周围几个图根控制点。这种方法无须平差计算,直接测出坐标。为了保证图根点的可靠性,一般要进行两次观测(另选定向点)。

3. 支站法

支站法如图 3-14 所示。

GPS 控制网主要包括国家或地区性的高精度 GPS 控制网和局部性的 GPS 控制网两大类。大比例尺数字测图主要是为区域经济如工程建设或城市、农村建设服务,所以一般选择局部性的 GPS 控制网。在相对大面积的数字测图工程中,选择运用 GPS 进行控制更为合适。

数字测图时,测站点的点位精度,相对于附近图根点的中误差不应大于图上 0.2 mm,

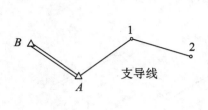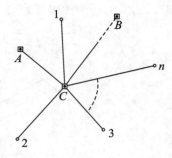

图 3-14 支站法

高程中误差不应大于测图基本等高距的 1/6。

3.2.3 导线平差计算

光电测距图根闭合导线坐标计算表(使用普通计算器计算)如表 3-2 所示。

表 3-2 光电测距图根闭合导线坐标计算表(使用普通计算器计算)

点名	观测角值 ° ′ ″	方位角 ° ′ ″	边长/m	坐标增量 ΔX/m	坐标增量 ΔY/m	改正后坐标增量 ΔX/m	改正后坐标增量 ΔY/m	坐标 X/m	坐标 Y/m
A02								500.345	400.123
		145 45 45	47.825	−0.001 −39.538	0 +26.908	−39.539	+26.908		
D02	79 34 13 −3							460.806	427.031
		45 19 56	48.232	−0.001 +33.907	0 +34.302	+33.906	+34.302		
C02	99 03 02 −3							494.712	461.333
		324 22 55	47.556	0 +38.659	0 −27.696	+38.659	−27.696		
B02	81 02 20 −4							533.371	433.637
		225 25 11	47.052	0 −33.026	0 −33.514	−33.026	−33.514		
A02	100 20 38 −4							500.345	400.123
D02		145 45 45							
				+0.002	0	0	0		

续表

点名	观测角值 ° ′ ″	方位角 ° ′ ″	边长/m	坐标增量		改正后坐标增量		坐标	
				ΔX/m	ΔY/m	ΔX/m	ΔY/m	X/m	Y/m
辅助计算	$f_\beta = +14''$　　$f_{\beta 允} = \pm 24''\sqrt{n} = \pm 48''$　　$f_\beta < f_{\beta 允}$ 合格 $f_x = +0.002$ m　　$f_y = 0$　　$f_D = \sqrt{f_x^2 + f_y^2} = 0.002$ m　　$K = \dfrac{f_D}{\sum D} = \dfrac{1}{95332}$ $K_允 = \dfrac{1}{5000}$　　$K < K_允$ 合格								

◎ 思考题

1. 测图控制网布设的基本形式有哪些?
2. 大比例尺数字测图控制网进行技术设计时应注意哪些事项?
3. 大比例尺数字测图控制网技术设计的步骤有哪些?
4. 大比例尺数字测图高程控制网的布设形式有哪些?

项目 4　　数字测图数据获取

教学目标

本项目介绍了全站仪、GNSS-RTK 和三维激光扫描仪在数字测图中数据的获取方式，旨在让学生掌握不同的数字测图方法。

思政目标

本项目主要介绍数字化测图的不同方法，由全站仪、GNSS-RTK 到三维激光扫描仪，数字测图技术方法的改变，新技术的普遍应用、不断更新，将会把数字测图技术推向新的高潮，希望学生抓住社会高质量发展机遇，积极投身到数字地球、数字城市的建设中。

任务 4.1　　全站仪数据采集

◎思考

1. 全站仪数据采集的步骤是什么？
2. 全站仪数据采集时，需要改变哪几项设置？

数据采集菜单的操作：按下[MENU]键，仪器进入主菜单1/2模式；按下数字键[1]（数据采集）。

NTS-360 系列可将测量数据存储在内存中，内存中的数据文件划分为测量数据文件和坐标数据文件。

4.1.1　操作步骤

（1）选择数据采集文件，将所采集数据存储在文件中。
（2）选择存储坐标文件，将原始数据转换成的坐标数据存储在文件中。

(3)选择调用坐标数据文件,可进行测站坐标数据及后视坐标数据的调用。(当无须调用已知点坐标数据时,可省略此步骤。)

(4)置测站点,包括仪器高和测站点号及坐标。

(5)置后视点,通过测量后视点进行定向,确定方位角。

(6)置待测点的目标高,开始采集,存储数据。

4.1.2 准备工作

1. 数据采集文件的选择

首先必须选定一个数据采集文件,在启动数据采集模式之前会出现文件选择显示屏,由此可选定一个文件。

文件选择也可在数据采集菜单中进行。

数据采集文件选择的具体操作过程如下:

(1)按下[MENU]键,仪器进入主菜单1/2模式,按数字键[1](数据采集)。

(2)按[F2](调用)键。

(3)屏幕显示磁盘列表,选择需作业的文件所在的磁盘,按[F4](确认)或[ENT]键进入。

(4)显示文件列表。

(5)按[▲]或[▼]键使文件表向上下滚动,选定一个文件。

(6)按[ENT](回车)键,调用文件成功,屏幕返回数据采集菜单。

如果要创建一个新文件,在选择测量和坐标文件界面直接输入文件名即可。

按[F2](查找)键可直接输入文件名查找文件。

选择文件也可使用数据采集菜单2/2中"1.选择文件"命令,按上述同样方法进行。

2. 存储坐标文件的选择

采集的原始数据转换成的坐标数据可存储在用户指定的文件中。

存储坐标文件选择的具体操作过程如下:

(1)进入数据采集菜单2/2,按数字键[1](选择文件)。

(2)按数字键[3](存储坐标文件)。

(3)按"数据采集文件的选择"介绍的方法选择一个坐标文件。

(4)按[F2](调用)键,屏幕显示磁盘列表,选择需作业的文件所在的磁盘,按[F4](确认)或[ENT]键进入。

(5)显示文件列表。

(6)按[▲]或[▼]键使文件表向上下滚动,选定一个文件。若有五个以上的文件,按[▶]、[◀]键上下翻页。

(7)按[ENT](回车)键,文件即被确认,屏幕返回选择文件菜单。

当存储文件被选择后,测量文件不变。

3. 调用坐标文件的选择

若需调用坐标数据文件中的坐标作为测站点或后视点坐标用,则预先应在数据采集菜单2/2中选择一个坐标文件,具体操作过程如下:

(1)进入数据采集菜单2/2,按数字键[1](选择文件)。

(2)按数字键[2](调用坐标文件)。

(3)按"数据采集文件的选择"介绍的方法选择一个坐标文件。

4.1.3　设置测站点和后视点

测站点与定向角在数据采集模式和正常坐标测量模式下是相互通用的,可以在数据采集模式下输入或改变测站点和定向角数值。

测站点坐标可按如下两种方法设定:

(1)利用内存中的坐标数据来设定;

(2)直接由键盘输入。

后视点定向角可按如下三种方法设定:

(1)利用内存中的坐标数据来设定;

(2)直接键入后视点坐标;

(3)直接键入设置的定向角。

方位角的设置需要通过测量来确定。

1. 设置测站点的示例

利用内存中的坐标数据来设置测站点的操作步骤如下:

①进入数据采集菜单1/2,按数字键[1](设置测站点),即显示原有数据。

②按[F4](测站)键。

③按[F1](输入)键。

④输入点号,按[F4]键。

⑤系统查找当前调用文件,找到点名,则将该点的坐标数据显示在屏幕上,按[F4](是)

确认测站点坐标。如果在内存中找不到指定的点名,系统会在屏幕下方显示"点名不存在"。

⑥屏幕返回设置测站点界面。用[▼]键将→移到编码栏。

⑦按[F1](输入)键,输入编码,并按[F4](确认)。编码:当输入数字编码时,若编码库中该数字序号对应有编码,则系统会调用所对应的编码;如果序号没有对应编码,则编码栏会显示输入的数字编码。在步骤⑥中按[F2](查找)键,可调用编码库中的数据。按[F1](回退),向左删除输入内容。

⑧→移到仪器高一栏,输入仪器高,并按[F4](确认)。

⑨按[F3](记录)键,显示该测站点的坐标。按[F4](测站)键,显示屏返回到第④步。

⑩按[F4](是)键,完成测站点的设置。显示屏返回数据采集菜单1/2。在数据采集中存入的数据有点号、编码和目标高。

2. 设置方位角的示例

方位角一定要通过测量来确定。

以下通过输入点号设置后视点,将后视定向角数据寄存在仪器内:

①进入数据采集菜单1/2,按数字键[2](设置后视点)。

②屏幕显示上次设置的数据,按[F4](后视)键。

③按[F1](输入)键。每次按[F3]键,输入方法就在坐标值、设置角度和坐标点之间切换。

④输入点名,按[F4](确认)键。

⑤系统查找当前作业下的坐标数据,找到点名,则将该点的坐标数据显示在屏幕上,按[F4]键,确认后视点坐标。如果在内存中找不到指定的点名,系统会在屏幕下方显示"点名不存在"。

⑥屏幕返回设置后视点界面。按同样方法,输入点编码、目标高。编码:当输入数字编码时,若编码库中该数字序号对应有编码,则系统会调用所对应的编码;如果序号没有对应编码,则编码栏会显示输入的数字编码。按[F2](置零)键,水平角置零。

⑦按[F3](测量)键。

⑧照准后视点,选择一种测量模式并按相应的软键。例:[F2](平距)键。

进行测量,根据定向角计算结果设置水平度盘读数,测量结果被寄存,显示屏返回到数据采集菜单1/2。

4.1.4 进行待测点的测量

待测点测量操作过程如下:

(1)进入数据采集菜单1/2,按数字键[3],进入待测点测量。

(2)按[F1](输入)键。

(3)输入点号后,按[F4]确认。

(4)按同样方法输入编码和目标高。编码:当输入数字编码时,若编码库中该数字序号对应有编码,则系统会调用所对应的编码;如果序号没有对应编码,则编码栏会显示输入的数字编码。

(5)按[F3](测量)键。

(6)照准目标点,按[F1]~[F3]中的一个键。符号"*"表示先前的测量模式。

例:[F2](平距)键。

(7)系统启动测量。

(8)测量结束后,按[F4](是)键,数据被存储。

(9)系统自动将点名+1,开始下一点的测量。输入目标点名,并照准该点。可按[F4](同前)键,按照上一个点的测量方式进行测量;也可按[F3](测量)选择测量方式。

(10)测量完毕,数据被存储。

按[ESC]键即可结束数据采集模式。

1. 查找记录的数据

在运行数据采集模式期间,可直接输入编码,操作过程如下:

(1)运行数据采集模式期间可按[F2](查找)键查阅记录的数据。若箭头"→"位于编码项,[F2]对应功能变为调用,表示可调用编码库。

(2)屏幕会显示出编码库的数据,按[▼]键选定文件,按[▶]、[◀]键则上下翻页。

(3)按[F1](查阅)键,屏幕显示选定文件的测量数据,按[F2]/[F3]键可查阅最前和最后的数据。按[F2](查找)键,可选择查找点名的方式进行数据的查阅。按[F4](P1↓)键,可翻页查看选定文件内的其他数据内容。

2. 输入编码

在运行数据采集模式期间,可直接输入编码,操作过程如下:

(1)在运行数据采集模式期间,按[F1](输入)键。

(2)按[▼]键移动→到编码栏,输入编码,并按[F4](确认)键。

3. 利用编码库输入编码

也可利用编码表输入编码,操作过程如下:

(1)在数据采集模式下,移动光标到编码栏,按[F2](调用)键。

（2）系统进入数据库,按下列光标键,可向前/后查阅编码。按相应的软键,可编辑、删除和新建编码文件。

[▲]或[▼]:逐1增加或减少。

[▶]、[◀]:上下翻页。

（3）找到需要的编码后,按[ENT]（回车）键。

5. 数据采集参数设置

可做数据采集模式的参数设置,设置参数项目如表 4-1 所示。

表 4-1　设置参数项目

菜　　单	选 择 项 目	功 能 描 述
1. 坐标自动转换	1. 开 2. 关	进行数据采集时,测量数据是否自动计算坐标数据并存入坐标文件
2. 数据采集顺序	1. 先编辑后采集 2. 先采集后编辑	设置数据采集和编辑的先后顺序。 先编辑后采集:先设置点名、编码以及目标高后再进行数据采集。 先采集后编辑:数据采集后,允许用户对采集的点名、编码以及目标高进行编辑
3. 数据采集确认	1. 开 2. 关	数据采集后记录开关的设置。开:提示记录与否
4. 数据采集距离	1. 斜距和平距 2. 平距和高差	设置数据采集的显示顺序

如果在采集数据时需要改变这几项设置,应先进行参数设置。

任务 4.2　RTK 数据采集

◎思考

1. RTK 数据采集的步骤是什么?
2. RTK 数据采集时,需要改变哪几项设置?

4.2.1 外业准备工作

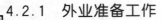
RTK数据采集

在进行 RTK 作业前,测量人员需要进行外业踏勘、收集已有资料、制订外业观测计划、星历预报、测量仪器及配套设备的准备、交通运输工具准备等工作,为工作的正常有序开展做好准备。

4.2.2 外业作业过程

1. 设备的架设与启动

基准站可安置在已知点上,也可安置在测区范围地势较高且空旷的任意点上。架设好基准站和高频鞭状天线,连接电瓶,电台、基准站和移动站主机开机。打开 LandStart 7 软件,点击菜单栏中的卫星图标,观看当前接收到的卫星状态,如图 4-1 所示。

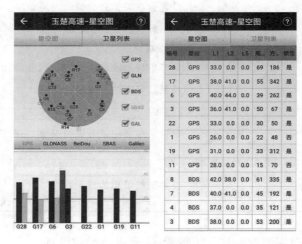

图 4-1 卫星状态

仪器开机后,对数传电台信道进行设置,通过 NFC 功能使电子手簿自动连接基准站接收机,然后设置工作模式并接收此工作模式。同理,移动站按照上述步骤进行操作。当有 4 颗及以上数量的卫星信号时能很快进入"固定解"状态,显示三维坐标为移动站在前次测量时所设坐标系下的坐标。

2. 新建工程

进入工程管理界面,点击新建工程,填写工程名,然后进行坐标系参数设置。坐标系参数设置内容包括坐标系、投影方式、中央子午线经度、基准转换参数(未启用可以不填写)或平面校正和高程拟合参数设置(未启用可以不填写)。确定后,工程新建完毕。

GPS 系统采用世界大地坐标系 WGS-84。我们常用的有 CGCS2000 大地坐标系、1954 年北京坐标系、1980 年西安坐标系或地方独立坐标系。要把大地坐标投影到高斯平面坐标上需要设置的参数有:

(1)参考椭球体参数(即坐标系统);

(2)长半轴;

(3)扁率;

(4)中央子午线经度;

(5)纵、横坐标的加常数,东向加常数为500000,北向加常数一般为0(若提供的 Y 坐标是8位,前两位是带号,那么东向加常数为带号+500000);

(6)长度比,一般为1;

(7)投影面高(单位:m)。

3. 测区参数求解(点校正)

目前 GNSS 系统如 GPS、GLONASS 采用的坐标系数据不一样,但它们采用的都是地心坐标系,比如 GPS 卫星定位系统采集到的数据是 WGS-84 坐标系数据,而目前测量成果普遍使用的是 CGCS2000 大地坐标系、1954 年北京坐标系、1980 年国家坐标系或地方(任意)独立坐标系为基础的坐标数据,因此必须将 WGS-84 坐标转换到 CGCS20000BJ-54 坐标系或地方(任意)独立坐标系,这就是进行参数求解的原因。

1)常用的求参方法

①七参数法。两个空间直角坐标系分别为 $O\text{-}XYZ$ 和 $O\text{-}X'Y'Z'$,其坐标系原点不同,故存在三个平移参数 ΔX_0、ΔY_0 和 ΔZ_0,它们表示 $O\text{-}X'Y'Z'$ 坐标系原点 O' 相对于 $O\text{-}XYZ$ 坐标系原点 O 在三个坐标轴上的分量;又当各坐标轴相互不平行时,存在三个旋转参数 ε_X、ε_Y、ε_Z。相应的坐标变换公式为:

$$\begin{bmatrix} X_2 \\ Y_2 \\ Z_2 \end{bmatrix} = (1+m) \begin{bmatrix} X_1 \\ Y_1 \\ Z_1 \end{bmatrix} + \begin{bmatrix} 0 & \varepsilon_Z & -\varepsilon_Y \\ -\varepsilon_Z & 0 & \varepsilon_X \\ \varepsilon_Y & -\varepsilon_X & 0 \end{bmatrix} \begin{bmatrix} X_1 \\ Y_1 \\ Z_1 \end{bmatrix} + \begin{bmatrix} \Delta X_0 \\ \Delta Y_0 \\ \Delta Z_0 \end{bmatrix} \tag{4-1}$$

式中有三个平移参数、三个旋转参数和一个尺度变化参数 m,共计七个参数。简称此公式为布尔莎七参数变换公式,是坐标变换中一个非常重要的公式。七参数变换公式,除了布尔莎公式外,还有莫洛琴斯基公式和范氏公式。

②三参数法。当式(4-1)中 $\varepsilon_X = \varepsilon_Y = \varepsilon_Z = m = 0$ 时,参数只有三个平移参数 ΔX_0、ΔY_0 和 ΔZ_0,这时的坐标变换公式称为三参数公式。三参数公式表明两个空间直角坐标系尺度

一致,且两个坐标轴相互平行。

③平面四参数法,是一种降维的坐标转换方法,即由三维空间的坐标转换转化为二维平面的坐标转换,避免了已知点高程系统不一致而引起的误差。

四参数坐标变换公式为:

$$\begin{cases}(X_2-X_1)=m\left[(X_2-X_1)\cos\alpha-(Y_2-Y_1)\sin\alpha\right]\\(Y_2-Y_1)=m\left[(X_2-X_1)\sin\alpha+(Y_2-Y_1)\cos\alpha\right]\end{cases} \quad (4-2)$$

式中:X_2-X_1——坐标 X 的平移分量;

Y_2-Y_1——坐标 Y 的平移分量;

m——尺度因子;

α——旋转量。

2)华测 LandStart 7 软件参数计算方法

①点校正。利用控制点坐标库求平面校正和高程拟合参数。在校正之前,首先必须采集控制点坐标,一般多于 3 个以上控制点,采集完成后在点管理界面中点击"添加",根据提示依次增加控制点的已知坐标,然后点击"确定",继续添加控制点原始坐标。控制点坐标全部添加完成后点击"点校正",高程拟合方法选择 TGO,点击界面中的"添加"。GNSS 点选择测量的坐标(或输入的经纬度),已知点选择输入的平面坐标(NEH)。如果已知点平面和高程都用,在方法中选择"水平+垂直校正";如果仅用平面坐标,选择"水平校正";如果仅用高程坐标,选择"垂直校正"。选择完所有的控制点。在"测量-点校正"界面点击"计算",如果残差较小,说明校正合格,点击"应用",在弹出的提示中选择"是"。

说明:在求完平面校正和高程拟合参数后,一定要查看平面校正中的比例因子 K,一般 K 的范围只有在 0.9999~1.0000 之间,才能确保采集精度。查看平面校正和高程拟合参数:项目→坐标系参数→平面校正和高程拟合参数。

②利用"参数计算"计算三参数和七参数。在工具界面点击"参数计算",选择计算类型,三参数至少需要 1 对点,七参数至少需要 3 对点。点击"添加",依次添加对应的 GNSS 点和已知点,最后点击"计算",参数计算完成后弹出"是否替换当前工程参数"对话框,点击"确定"后替换当前工程参数。

平面校正和高程拟合参数是同一个椭球内不同坐标系之间进行转换的参数。在 LandStar 7 测地通软件中平面校正和高程拟合指的是在投影设置下选定的椭球内 GNSS 坐标系和施工测量坐标系之间的转换参数。需要特别注意的是,参与计算的控制点原则上要用 3 个或 3 个以上的点,控制点等级的高低和分布直接决定了平面校正和高程拟合参数的控制范围。经验上平面校正和高程拟合参数理想的控制范围一般都在 20~30 km² 以内。总体来说,平面校正和高程拟合参数的转化方式灵活、便捷,但控制的范围相对较小。

七参数的应用范围较大(一般大于 50 km²),计算时用户需要知道三个已知点的地方坐标和 WGS-84 坐标,即 WGS-84 坐标转换到地方坐标的七个转换参数。三个点组成的区域最好能覆盖整个测区,这样的效果较好。

3）参数计算的要求

做点校正时,可以视情况采用内业校正或外业校正的方法。内业校正时必须有校正点的地方坐标和其对应的 WGS-84 坐标。WGS-84 坐标可由一个静态网平差得到。公共点的 WGS-84 坐标和地方坐标输到计算软件中进行校正。外业校正时,当地地方坐标输到计算软件中,WGS-84 坐标可等移动站获得初始化后,到公共点上实测得到,测量完毕后计算并进行校正。

做点校正前应至少有 3 个控制点的三维已知地方平面坐标和相对独立的 WGS-84 坐标。公共控制点就均匀分布在测区范围内。

①已知点最好要分布在整个作业区域的边缘,能控制整个区域。如果用四个点做点校正的话,那么测量作业的区域最好在这四个点连成的四边形内部。

②一定要避免已知点的线性分布。例如：如果用三个已知点进行点校正,这三个点组成的三角形要尽量接近正三角形；如果是四个点,就要尽量接近正方形。一定要避免所有的已知点的分布接近一条直线,这样会严重地影响测量的精度,特别是高程精度。

③如果在测量任务里只需要水平的坐标,不需要高程,建议用户至少要用 2 个点进行校正,但如果要检核已知点的水平残差,那么至少要用 3 个点。

④如果既需要水平坐标又要高程,建议用户至少用三个点进行点校正,但如果要检核已知点的水平残差和垂直残差,那么至少需要四个点进行校正。

⑤已知点之间的匹配程度也很重要,比如 GNSS 观测的已知点和国家的三角已知点,如果同时使用的话,检核的时候水平残差有可能会很大。

点校正做完后,要进行校正检核,检查水平残差和垂直残差的数值,看其是否满足用户的测量精度要求,一般水平残差不应超过 ±2 cm,垂直残差不应超过 ±3 cm。超过限差,则说明参与点校正的已知点不在同一系统下或者有粗差（最大可能就是参差最大的那个点）。先检查已知点输入是否有误或输错,如果无误的话,就是已知点的匹配有问题,要更换已知点。

4. 数据采集

RTK 差分解有几种类型,单点定位表示没有进行差分解,浮动解表示整周模糊度还没有固定,固定解表示固定了整周模糊度。固定解精度最高,通常只有固定解可用于测量。

LandStar 7 测地通软件的测量界面包含图形作业、点测量、点/线/面放样、道路放样、PPK、点校正、基站平移、电力和物探放样,如图 4-2 所示。

当下面测量图标 为绿色时,在点测量界面（见图 4-3）输入点名和天线高（见图 4-4）,

然后点击便开始测量,测量点完成后会自动保存坐标至点管理。继续测量时,点名将自动累加。打开点管理界面便可看到我们测量和输入的点坐标,如图 4-5 所示。

图 4-2 测量菜单

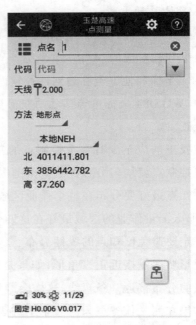

图 4-3 点测量界面

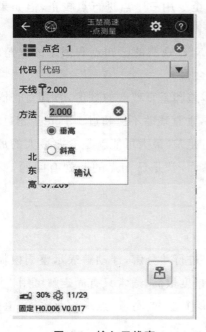

图 4-4 输入天线高

图 4-5 点管理界面

RTK 技术可以用于地形测量中的图根点测量和碎部点测量。地形测量主要技术要求应符合表 4-2 的规定。

表 4-2 RTK 地形测量主要技术要求

等级	点位中误差/mm	高程中误差	与基准站的距离/km	观测次数	起算点等级
图根点	≤±0.1	1/10 等高距	≤7	2	平面三级、高程五等以上
碎部点	≤±0.3	相应比例尺成图要求	≤10	1	平面图根、高程五等以上

注：①点位中误差指控制点相对于起算点的误差。
②采用网络 RTK 测量可不受移动站到基准站间距离的限制，但宜在网络覆盖的有效服务范围内。

1）RTK 图根点测量

图根点标志宜采用木桩、铁桩或其他临时标志，必要时可埋设一定数量的标石。

RTK 图根点测量时，地心坐标系与地方坐标系的转换关系的获取方法参照前述参数计算相关知识，也可以在测区现场通过点校正的方法获取。RTK 平面控制点测量移动站观测时应采用三脚架对中、整平，每次观测历元数应大于 10 个。RTK 图根点测量平面坐标转换残差应小于等于图上±0.07 mm。RTK 图根点测量高程拟合残差应不大于 1/12 等高距。RTK 图根点测量平面测量两次测量点位较差应小于图上±0.1 mm，高程测量两次测量高程较差应小于 1/10 等高距，两次结果取中数作为最后成果。

2）RTK 碎部点测量

RTK 碎部点测量时，地心坐标系与地方坐标系的转换关系的获取方法参照前述参数计算相关知识，也可以在测区现场通过点校正的方法获取。当测区面积较大，采用分区求解转换参数时，相邻分区应不少于 2 个重合点。

RTK 碎部点测量平面坐标转换残差应不大于图上±0.1 mm。RTK 碎部点测量高程拟合残差应不大于 1/10 等高距。RTK 碎部点测量移动站观测时可采用固定高度对中杆对中、整平，每次观测历元数应大于 5 个。连续采集一组地形碎部点数据超过 50 点，应重新进行初始化，并检核一个重合点。当检核点位坐标较差不大于图上 0.30 mm 时，方可继续测量。

(1) 新建测量任务。

架设基准站和移动站仪器，打开手簿的 LandStar 7 测地通软件。新建任务，启动基准站和移动站，进行点校正。当进入"固定"状况时，可以进入碎部测量阶段。

(2)地形点测量。

在 LandStar 7 测地通主菜单上选择"点测量",即进入点测量界面,具体参考常规 RTK 测量系统作业模式部分所述。

(3)查看点位信息。

进入点管理界面,可以查看当前工程中各点的状态和坐标,包括该点的点名、坐标、高程和编码信息。在测量、放样等界面下,点击图标 ▦ 进入点管理界面,查看测量点和已知点信息。点击右下角的详情图标,可查看选中点的 WGS-84 坐标、天线类型、天线高、参与解算的卫星数、解状态等信息。(见图 4-6)

图 4-6 查看点位信息

3)成果数据导出

RTK 地形测量外业采集的数据应及时从软件中导出,并进行数据备份。测量成果以不同的格式输出,不同的成图软件要求的数据格式不一样,例如要使用南方测绘的成图软件 CASS,可直接在导出功能中选择 CASS 格式导出。

(1)手簿数据导出。

点击 LandStar 7 测地通软件中的"导出",选择要导出的数据类型、文件类型和文件存储路径并输入文件名。在"文件类型"下拉菜单中选择需要输出的格式,选择数据格式后,支持导出的文件格式有 *.csv、*.txt 等,并且导出数据文件中的内容可自定义选择。最后点击"导出",提示"导出成功"则代表数据文件已成功存储至所选路径。若使用的是图形作业、电力测量等功能,可在导出过程中选择相应的格式进行数据导出。点击"导出"后输入文件名并选择存储路径,最后点击"确认"即可。(见图 4-7 和图 4-8)

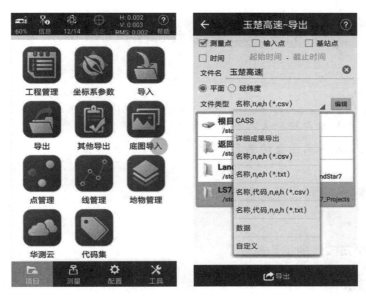

图 4-7 数据导出

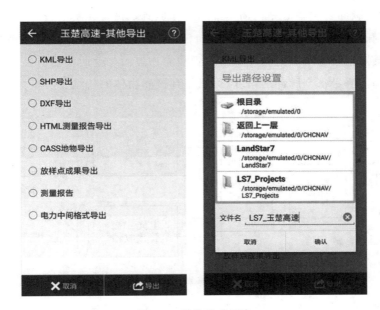

图 4-8 其他格式导出

(2)手簿数据传输。

LandStar 7 测地通软件中测量手簿通过标配的数据线与计算机进行通信,手簿连接计算机后弹出提示框"请选择 USB 的使用方式",选择"传输文件";然后找到手簿内存盘,根据数据导出的路径把数据文件复制到计算机所选路径下。

任务4.3 三维激光扫描仪数据采集

◎思考

1. 三维激光扫描仪数据采集的步骤是什么？
2. 三维激光扫描仪的主要特点是什么？

4.3.1 三维激光扫描仪理论基础

三维激光扫描技术

1. 三维激光扫描仪的工作原理

三维激光扫描系统由三维激光扫描仪、数码相机、扫描仪旋转平台、软件控制平台、数据处理平台及电源和其他附件设备共同构成，是一种集成了多种高新技术的新型空间信息数据获取手段。脉冲式三维激光扫描系统的工作原理如图4-9所示，首先由激光脉冲二极管发射出激光脉冲信号，经过旋转棱镜，射向目标，通过探测器，接收反射回来的激光脉冲信号，并由记录器记录每个激光脉冲从出发到被测物表面再返回仪器所经过的时间来计算距离，同时编码器测量每个脉冲的角度，可以得到被测物体的三维真实坐标。

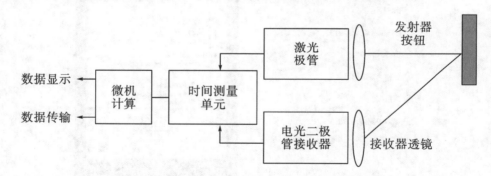

图4-9 脉冲式三维激光扫描系统的工作原理

原始观测数据主要是精密时钟控制编码器同步测量得到的每个激光脉冲横向扫描角度观测值 α 和纵向扫描角度观测值 ξ，通过脉冲激光传播的时间计算得到的仪器扫描点的距离值 S，扫描点的反射强度等，如图4-10所示。三维激光扫描测量一般使用仪器内部坐标系统，X 轴在横向扫描面内，Y 轴在纵向扫描面内与 X 轴垂直，Z 轴与横向扫描面垂直。点坐标的计算公式为：

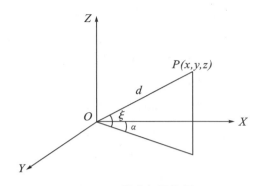

图 4-10 三维坐标计算原理

$$\begin{cases} x = d\cos\xi\cos\alpha \\ y = d\cos\xi\sin\alpha \\ z = d\sin\xi \end{cases} \quad (4\text{-}3)$$

2. 三维激光扫描仪的主要特点

三维激光扫描仪的单点定位精度一般在亚厘米级,其模型精度还要高于单点定位的精度。三维激光扫描仪能提供视场内的、有效测程内的、基于一定采样间距的采样点三维坐标,并具有较高的测量精度和很高的数据采集效率。与基于全站仪或 GPS 的变形监测相比,其数据采集效率较高,且采样点数要多得多,形成了一个基于三维数据点的离散三维模型数据场,这能有效避免以往基于变形监测点数据的应力应变分析结果中所带有的局部性和片面性(即以点代面的分析方法的局限性);与基于近景摄影测量的变形监测相比,尽管它无法像近景摄影那样能形成基于光线的连续三维模型数据场,但它比近景摄影具有更高的工作效率,并且其后续数据处理也更为容易,能快速准确地生成监测对象的三维数据模型。这些技术优势决定了三维激光影像扫描技术在变形监测领域将有着广阔的应用前景。三维激光扫描技术可以大范围、快速全面、高精度、高分辨率地获取被测物体的平面和高程坐标,并可以方便地建立可以量测的三维模型。

综上所述,三维激光扫描进行测量工作具有以下特点:

(1)快速性。激光扫描测量能够快速获取大面积目标空间信息。应用激光扫描技术进行目标空间数据采集,可以及时地测定实体表面立体信息,常应用于自动监控行业。

(2)非接触性。地面三维激光扫描系统采用完全非接触的方式对目标进行扫描测量,获取实体的矢量化三维坐标数据,从目标实体到三维点云数据一次完成,做到真正的快速原形重构。该特性使其可以解决危险领域的测量、柔性目标的测量、需要保护对象的测量以及人员不可到达位置的测量等工作。

(3)激光的穿透性。激光的穿透特性使得地面三维激光扫描系统获取的采样点能描述目标表面的不同层面的几何信息。

(4)实时、动态、主动性。地面三维激光扫描系统为主动式扫描系统,通过探测自身发射的激光脉冲回射信号来描述目标信息,使得系统扫描测量不受时间和空间的约束。系统发射的激光束是准平行光,避免了常规光学照相测量中固有的光学变形误差,拓宽了纵深信息的立体采集。这对实景及实体的空间形态及结构属性描述更加完整,采集的三维数据更加具有时效性和准确性。

(5)高密度、高精度特性。激光扫描能够以高密度、高精度的方式获取目标表面特征。在精密的传感工艺支持下,对目标实体的立体结构及表面结构的三维集群数据做自动立体采集。采集的点云由点的位置坐标数据构成,减少了传统手段中人工计算或推导所带来的不确定性。利用庞大的点阵和一定浓密度的格网来描述实体信息,采样点的点距间隔可以选择设置,获取的点云具有较均匀的分布。

(6)数字化、自动化。系统扫描直接获取数字距离信号,具有全数字特征,易于自动化显示输出,可靠性好。扫描系统数据采集和管理软件通过相应的驱动程序及 TCP/IP 或平行连线接口控制扫描仪进行数据的采集,处理软件对目标初始点/终点进行选择,具有很好的点云处理、建模处理能力,扫描的三维信息可以通过软件开放的接口格式被其他专业软件所调用,达到与其他软件的兼容性和互操作性。

(7)地面三维激光扫描系统对目标环境及工作环境的依赖性很小,其防辐射、防震动、防潮湿的特性,有利于进行各种场景或野外环境的操作。

4.3.2 点云数据处理

点云数据处理的主要步骤为点云数据的获取、配准、去噪、精简、分割、模型构建和纹理映射等。

1. 点云数据配准

点云数据配准也称点云数据拼接。由于激光扫描仪在单一视角下只能扫描到物体的一部分点云数据,不能覆盖整个空间对象,所以在为较大对象(如一栋大型建筑物或者一棵大树)激光扫描时,需要从多方位不同视角扫描,也就是需要架设多个测站点,才能把物体扫描完整。每个测站点都有其独立的坐标系,要获得完整的数据必须将所有测站点数据转换到同一坐标系下,这就需要点云拼接。点云拼接方法主要有标靶拼接、点云视觉拼接以及控制点拼接三种。

(1)标靶拼接是最简便的拼接方法。在数据扫描时两站点之间的公共区域内放置至少三个标靶,在扫描物体对象的同时扫描标靶点云数据,依次扫描完所有站点后,利用不同站点相同的标靶数据进行点云配准。值得注意的是,每个标靶必须对应唯一的标靶号,同一标靶在不同测站中的标号也必须一致,才能正确完成各站点云数据配准。

(2)点云视觉拼接:在扫描物体对象的两个站之间要有一定的重叠度,一般要大于30%,且要有较为明显的特征点,扫描完成后,寻找重叠区域的同名点进行点云拼接。此方法中重叠区域特征点的确定直接关系到配准结果的好坏,所以要求重叠部分具有清晰且较多的特征点与特征线。

(3)控制点拼接:将三维激光扫描仪与定位系统相结合使用。首先确定公共区域的控制点,在对对象物体扫描的同时扫描控制点,用定位技术确定控制点的坐标,再以控制点为基准对点云数据配准。此方法优点为配准结果精度高,缺点为过程相对复杂。

2. 点云数据噪声来源

在利用三维激光扫描仪获取点云数据的过程中,会受到扫描设备、周围环境、人为扰动,甚至是扫描对象表面材质的影响,得到的数据或多或少存在噪声点,致使得到的数据不能正确地表达扫描对象的空间位置。

噪声点主要分为三类:

(1)第一类噪声点是在物体表面材质或者光照环境导致反射信号较弱等情况下产生的噪声点;

(2)第二类是由于在扫描的过程中,难免有人、车辆或者其他物体从仪器与扫描物体之间经过而产生的噪声点,这属于偶然噪声;

(3)第三类是由于测量设备自身原因,如扫描仪精度、相机分辨率等由测量系统引起的系统误差和随机误差。

3. 点云数据去噪方法

数据去噪的方法可根据不同的情况分为不同的方式,分别为基于有序点云数据的去噪和基于散乱点云的去噪。

(1)基于有序点云数据用平滑滤波去噪法:目前数据平滑滤波主要采取的是高斯滤波、均值滤波以及中值滤波。

①通俗地讲,高斯滤波就是对整幅图像进行加权平均的过程,每一个像素点的值,都由其本身和邻域内的其他像素值经过加权平均后得到。也就相当于使用周围的点对噪声点进行平滑处理,使噪声点的分布逐步趋于图像非噪声点的分布。

②均值滤波也叫平均滤波,是一种较为典型的线性滤波,其原理为选择一定范围内的点求取其平均值来取代其原本的数据点,其优点为算法简单易行,缺点为去噪的效果较为平均,且不能很好地保留住点云的特征细节。

③中值滤波属于非线性平滑滤波,其原理是对某点数据相邻的三个或以上的数据求中值,求取后的结果取代其原始值,其优点在于对毛刺噪声的去除有很好效果,而且也能保护数据边缘特征信息。

(2)基于散乱点云数据常用的去噪方法为拉普拉斯算法、平均曲率算法、双边滤波算法。拉普拉斯算法虽然能够很好地保证模型的细节特征,但是还会残存噪声点;而双边滤波算法虽然能很好地去除噪声点,但是不能够很好地保留住模型的细节特征。平均曲率依赖于曲率估计,对于模型简单且噪声点较小的数据去噪效果较好,而对于复杂且噪声点多的数据,其计算速度慢且去噪效果较差。

4. 点云数据精简

数据精简就是在精度允许的情况下减少点云数据的数据量,提取有效信息。它一般分为两种:去除冗余与抽稀简化。

(1)冗余数据是指在数据配准之后,其重复区域的数据,这部分数据的数据量大,多为无用数据,对建模的速度以及质量有很大影响,对于这部分数据要予以去除。

(2)抽稀简化。扫描的数据密度过大、数量过多,其中一部分数据对于后期建模用处不大,所以在满足一定精度以及保持被测物体几何特征的前提下,对数据进行精简,以提高数据的操作运算速度、建模效率以及模型精度。抽稀简化最常用的方法为采样法,即按照一定规则对点云数据采样,保留采样点,忽略其他点。此方法的优点为方法简单易行,简化速度快,其缺点为其简化后的点云数据分布比较均匀,无法针对边缘特征的数据点充分保留。

5. 数据分割

对于比较复杂的扫描对象,如果直接利用所有点云数据进行建模,其过程是十分困难的,会使拟合算法难度增大,三维模型的数学表达式也会变得复杂。所以对于复杂对象,建模之前需要将点云数据分割,分别建模完成后再组合,就是建模过程中"先分割后拼接"的思想,把复杂数据简单化,把庞大数据细分化。

点云数据分割应该遵守以下准则:

(1)分块区域的特征单一且该区域内没有数量及曲率的突变;

(2)分割的公共边尽量便于后续的拼接;

(3)分块的个数尽量少,可减少后续的拼接复杂度;

(4)分割后的每一块都要易于重建几何模型。

数据分割的主要方法有三种,即基于边的分割方法、基于面的分割方法和基于聚类的分割方法。

(1)基于边的分割方法需先寻找出特征线。所谓特征线,也就是特征点所连成的线,目前最常用的提取特征点的方法为基于曲率和法矢量的提取方法,通常认为曲率或者法矢量突变的点为特征点,例如拐点或者角点。提取出特征线之后,再对特征线围成的区域进行分割。

(2)基于面的分割方法就是找到具有相同曲面性质的点,将属于同一基本几何特征的点分割到同一区域,再确定这些点所属的曲面,最后由相邻的曲面决定曲面间的边界。

(3)基于聚类的分割方法就是对相似的几何特征参数数据点分类。可用高斯曲率和平均曲率来求出其几何特征,再聚类,最后根据所属类来分割。

6. 三维建模

目前,点云数据处理及建模软件有很多,如 Cyclone、PolyWorks、Imageware、AutoCAD、3d Max 等,不同的软件都有其适用性。如 Imageware、PolyWorks 有强大的点云数据预处理功能,适用于曲面建模以及较复杂实体建模。而 AutoCAD、3d Max 等软件则更适用于较规则物体建模,3d Max 2017 所带的插件 Autodesk ReCap 能识别大部分点云格式,这也为 3d Max 建模提供了良好条件。

4.3.3 三维激光扫描仪数据采集实例

1. 仪器介绍

该工程实例采用徕卡 RTC360 三维激光扫描仪。徕卡公司生产的徕卡 RTC360 三维激光扫描仪的扫描速度快,智能化程度高,体积小,便于携带。RTC360 三维激光扫描仪拥有 TruRTC 实景复制技术,能在三维数据采集的同时获得全景影像,拥有的 SmartReg 智能拼接和 VIS 视觉追踪在数据的自动拼接中发挥着重要作用,在建筑 BIM、警务法务、数字化工厂模型建模和文物保护等方面发挥重要作用。徕卡 RTC360 三维激光扫描仪如图 4-11 所示。

图 4-11 徕卡 RTC360 三维激光扫描仪

徕卡 RTC360 三维激光扫描仪比传统扫描仪作业速度提高很多,扫描速度为 200 万点/秒,扫描加拍照一站两分钟即可完成。两个站点的相对位置关系由 VIS 通过内置相机和 IMU 实时计算得到,为点云数据拼接提供了更精确的数据支持。它拥有 3 个 HDR 相机,单个相机的像素为 1200 万,全景像素为 4.32 亿,可不受环境光源的影响,获得细节逼真的现场全景影像。RTC360 三维激光扫描仪机身为铝合金材质,体积小,质量轻,便于携带。配有双电池热插拔供电装

置,配有 2 块电池以满足长时间扫描工作的需求。其基本技术参数如下:

1)性能

数据采集:在 6 mm×10 m 的分辨率设置下,一测站 360°扫描和 HDR 全景照片的获取时间小于 2 分钟。

实时拼接:基于视觉追踪技术(VIS)的全自动点云拼接,通过视觉增强和惯导技术可实时对连续两个测站间的点云进行自动拼接。

重复扫描:可自动去除视场内的移动物体。

2)测量

距离测量:WFD 波形数字化技术。

测量角度:水平为 360°;垂直为 300°。

测量范围:0.5～130 m。

测量速率:200000 点/秒。

激光波长:1550 nm(不可见)。

激光安全等级:1 级。

分辨率:3 级可调,设置 3 mm×10 m、6 mm×10 m、12 mm×10 m。

3)精度

测角精度:18″。

测距精度:1 mm+10 ppm。

点位精度:1.9 mm×10 m、2.9 mm×20 m、5.3 mm×40 m。

范围噪声:0.4 mm×10 m、0.5 mm×20 m。

4)图像获取

相机系统:3 相机系统,3600 万像素,全景影像范围 360°×300°,4.32 亿像素。

速度:任何光线条件下的 HDR 图像获取,在 1 分钟内完成。

HDR:自动,包围序列曝光度 5 度。

5)传感器

视觉追踪技术:视觉增强的追踪技术,实时跟踪计算扫描测站相对于前一个测站的相对位置。

倾斜传感器:基于 IMU 的倾斜传感器,倾斜补偿精度 3′。

附加传感器:测高仪、指南针、GNSS。

2. 点云处理软件

该工程实例采用 Cyclone 软件,Cyclone 软件是徕卡公司自主研发的三维激光扫描系统点云处理软件,该软件为多种徕卡三维激光扫描系统的配套处理软件。Cyclone 拥有强大的点云数据处理功能,从原始点云数据的处理到模型建模整个过程都可以在 Cyclone 中完成。该软件可以直接编辑和查看 3D 点云数据,支持徕卡扫描系统原始数据格式和多种通用点云数据格式的导入,并且提供了强大数据库管理功能,可以加载.imp 文件数据库,可以对数据进行分块处理和管理,建立新的数据库,从而提高点云数据的处理效率。

Cyclone 软件拥有强大的点云数据预处理功能,包括多种点云数的配准方法、点云数据分割合并、点云数据去噪和抽稀等功能。它还提供了强大的切片功能和参考面功能,作为重要的辅助性功能,为点云数据建模和二维线画图的制作提供参考依据和帮助。在模型建模中,该软件可根据点云数据进行模型拟合,拟合生成平面、柱子、曲面和管线等模型,并对模型进行编辑处理,形成最终的整体模型。在地形处理中,该软件可以自动创建网格并生成等高线,对生成的等高线进行处理和保存。它还提供了测量功能,可以对各种属性数据如长度、面积、体积等进行计算、保存和输出;支持大批量的点云数据的处理,可以对几十亿以上点云的数据进行处理和管理。该软件能够输出二维图、三维图、线画图和三维模型等,并且能导出.pts、.ptx、.dxf、.txt 等多种点云数据格式。

3. 点云数据采集

1)准备工作

准备工作主要分为两部分,即收集已有资料和现场勘察调绘。收集已有的地形和工程数据资料,包括待测区域的地形图、影像图、竣工资料(平面图、立面图)等,为后期采集工作提供数据支持。为了使点云数据采集工作顺利完成,提高数据采集效率,需要对现场环境进行勘察调绘。根据建筑物的结构、通视情况、复杂情况、人流程度和周围环境等,绘制草图,制订控制测量和点云数据采集方案。估算架设扫描仪的测站数和大致架设扫描仪位置,布设站点时,要考虑仪器的采集距离和通视情况,是否能采集到完整的、高质量的待测区域点云数据。

准备工作完成后,可以提前预设一下扫描架站的布设位置和传递路线。然后检查仪器应在有效检验期内,检查仪器应正常工作,检查电池电量应满足作业时间需求,检查仪器储存空间应满足采集数据储存需求。

2)扫描站选点、架站

根据待测区域空间环境条件和采集需求,选择视野开阔、地面稳定安全的区域架设扫描站。原则有三个:第一,要保证获取完整的目标对象点云信息且尽可能减少架站数量;第二,目标物结构复杂、无法通视或线路有转角时应适当增设扫描站;第三,确保有 1 名作业人员守在扫描仪旁边,提醒往来人员注意避让,保证人员安全和设备安全。

3)点云采集

架设好仪器后,插入电池,打开存储盘保护盖,插入存储盘,然后打开电源开关,设置仪器参数,按下开始按钮,扫描仪开始扫描并伴随自身旋转,旋转扫描一周后扫描停驻静止,表示完成当前站点工作,关闭仪器后移至下一站点进行采集扫描。(见图4-12)

图4-12 三维激光扫描仪扫描工作

4)数据导出

当待测区域全部扫描完成后,关闭仪器,打开存储盘保护盖,拔下存储盘,将其放入仪器包中,回到数据处理办公室,将存储盘插在计算机上,导出外业扫描点云成果数据到计算机中。(见图4-13)

图4-13 收集的点云数据

4. 点云数据处理

1)点云数据导入

将导入计算机中的点云数据文件加载进点云处理软件 Cyclone 中,借助于该软件的 SmartAlign 功能完成自动预拼接处理,待导入完成后进行下一步处理。(见图 4-14 和图 4-15)

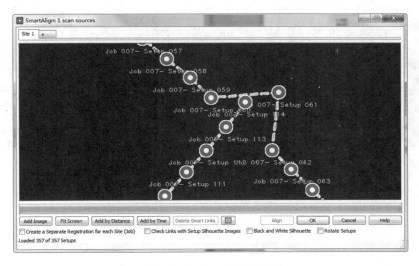

图 4-14　Cyclone 点云预拼接

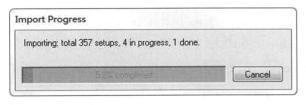

图 4-15　导入点云数据

2)点云数据拼接

点云数据导入完成后,还需进行每两站之间的手动目视拼接。本实例因所测物体为房屋建筑,其特征点、特征线清晰,故采用点云视觉法进行拼接工作。

点云视觉法拼接就是利用点云的视图进行点云数据拼接,是使用不同站点间的公共区域进行的点云数据拼接。将两站的共同区域点云视图进行虚拟对齐,保证一站点云作为基础不动,通过平移旋转的操作使两站点云数据的公共区域重合到同一位置,从而完成两站点云数据的拼接。通过两站实测点云扫描数据,在 Cyclone 中进行基于点云视图的拼接。

打开已导入数据的 Registration 工程,将其中两站点云数据选中,默认第一个选中的测站点云数据为基础点云数据,通过 VisualAlignment 进入虚拟对齐操作界面,虚拟操作界面如图 4-16 所示，界面中要进行拼接的两站点云数据为黄色和蓝色两组点云，其中黄色的点云为第一个选中的基础点云数据。

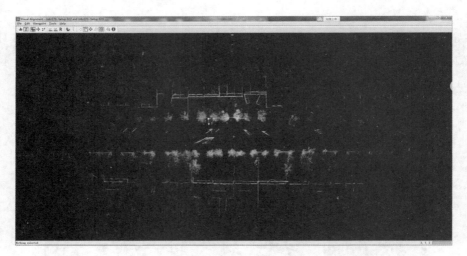

图 4-16　虚拟操作界面

在俯视图视角下，找到两站扫描数据的公共点如建筑物角点、拐点等，通过平移的方式将蓝色点云平移并与黄色点云同一位置。再旋转蓝色点云，使蓝色点云的外围与黄色点云重合，通过不断缩放公共点云视图，判断各个位置是否完全重合。再在侧视图的视角下，上下平移蓝色点云使之和黄色点云重合。最终使两站点云数据在公共区域空间中完全重合，完成两站点云数据的拼接。

当所有点云都拼接完成后，选择 Registration→Optimize Scanworld Groups 进行拼接优化。优化后再查看 Constraint List 拼接报告，若拼接误差不符合误差精度，则说明拼接有误，需进行检查修改，确保拼接报告中误差符合 Error Vector，如图 4-17 所示。

Constraint ID	ScanWorld	ScanWorld	S...	Weight	O...	Error	Error Vector	Grou...	Group Error ...	Group
Cloud/Mesh 52	Job 070- Setup 052	Job 070- Setup 053	On	1.0000	47...	0.000 m	aligned [0.013 m]	0.000 m	aligned [0.013 m]	Group 1
Cloud/Mesh 54	Job 070- Setup 054	Job 070- Setup 055	On	1.0000	43...	0.000 m	aligned [0.013 m]	0.000 m	aligned [0.013 m]	Group 1
Cloud/Mesh 56	Job 070- Setup 056	Job 070- Setup 057	On	1.0000	52...	0.000 m	aligned [0.013 m]	0.000 m	aligned [0.013 m]	Group 1
Cloud/Mesh 138	Job 070- Setup 063	Job 070- Setup 064	On	1.0000	43...	0.000 m	aligned [0.014 m]	0.000 m	aligned [0.014 m]	Group 1
Cloud/Mesh 79	Job 070- Setup 079	Job 070- Setup 080	On	1.0000	21...	0.000 m	aligned [0.014 m]	0.000 m	aligned [0.014 m]	Group 1
Cloud/Mesh 9	Job 070- Setup 009	Job 070- Setup 010	On	1.0000	41...	0.000 m	aligned [0.015 m]	0.000 m	aligned [0.015 m]	Group 1
Cloud/Mesh 21	Job 070- Setup 021	Job 070- Setup 022	On	1.0000	32...	0.000 m	aligned [0.015 m]	0.000 m	aligned [0.015 m]	Group 1
Cloud/Mesh 42	Job 070- Setup 042	Job 070- Setup 043	On	1.0000	48...	0.000 m	aligned [0.015 m]	0.000 m	aligned [0.015 m]	Group 1
Cloud/Mesh 53	Job 070- Setup 053	Job 070- Setup 054	On	1.0000	47...	0.000 m	aligned [0.015 m]	0.000 m	aligned [0.015 m]	Group 1
Cloud/Mesh 132	Job 070- Setup 057	Job 070- Setup 058	On	1.0000	61...	0.000 m	aligned [0.015 m]	0.000 m	aligned [0.015 m]	Group 1
Cloud/Mesh 133	Job 070- Setup 058	Job 070- Setup 059	On	1.0000	22...	0.000 m	aligned [0.015 m]	0.000 m	aligned [0.015 m]	Group 1
Cloud/Mesh 136	Job 070- Setup 061	Job 070- Setup 062	On	1.0000	56...	0.000 m	aligned [0.015 m]	0.000 m	aligned [0.015 m]	Group 1
Cloud/Mesh 66	Job 070- Setup 066	Job 070- Setup 067	On	1.0000	83...	0.000 m	aligned [0.015 m]	0.000 m	aligned [0.015 m]	Group 1
Cloud/Mesh 72	Job 070- Setup 072	Job 070- Setup 073	On	1.0000	70...	0.000 m	aligned [0.015 m]	0.000 m	aligned [0.015 m]	Group 1
Cloud/Mesh 6	Job 070- Setup 006	Job 070- Setup 007	On	1.0000	49...	0.000 m	aligned [0.016 m]	0.000 m	aligned [0.016 m]	Group 1
Cloud/Mesh 8	Job 070- Setup 008	Job 070- Setup 009	On	1.0000	31...	0.000 m	aligned [0.016 m]	0.000 m	aligned [0.016 m]	Group 1

图 4-17　拼接精度报告

3）点云模型生成

当处理完以上步骤且拼接精度符合要求后，选择 Freeze Registration，将所有点云测站

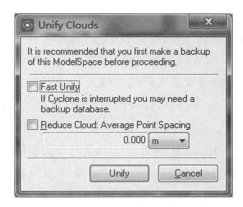

图 4-18 点云统一化处理对话框

按照拼接顺序冻结为一个整体。然后打开该模型,对所测点云数据进行点云数据统一化处理。点云统一化是对整体点云数据进行优化的一种处理方式。为了将拼接后的多站整体点云统一处理为单站的整体点云数据,点云统一化处理完成后,在原有的基础上点云数据的选择、浏览等操作变得更加流畅。在点云数据统一化的过程中,可以根据建模和点云数据应用的需要设置抽稀参数,进行点云数据抽稀处理,来调整点云数据的密度和大小。(见图 4-18 和图 4-19)

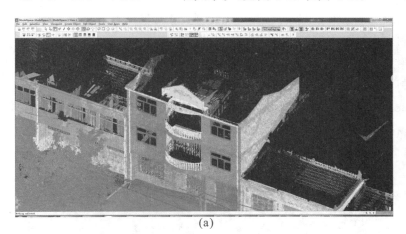

(a)

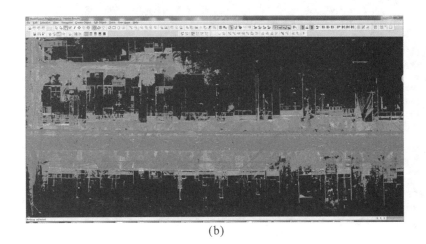

(b)

图 4-19 统一化后的点云模型

4)点云数据绝对配准

三维激光扫描仪采集的单站点云数据都在独立的假定坐标系下,各个单站的点云数据拼接成整体的点云数据后仍然在假定的坐标系下,只能研究和使用点.云数据的相对位置关系,这严重限制了点云数据的作用和实际意义,也使点云建成的模型的实际作用大大减弱,所以需要将拼接后的整体点云数据进行坐标配准处理,将拼接好的点云数据进行坐标系转化,得到真实坐标系下的三维地理信息数据成果。

根据实际项目需要,可以选择不同的坐标系统,采用 RTK 或全站仪测量的方式获取扫描前已布设的控制点,控制测量应满足《城市测量规范》(CJJ/T 8—2011)和《全球定位系统实时动态测量(RTK)技术规范》(CH/T 2009—2010)中图根控制测量的相关指标和要求。注意控制点的布设需结合现场实际,具体要求如下:

(1)控制点应选在能长期保存,便于施测,坚实、稳固的地方;
(2)控制点应尽可能沿坡度小的道路布设;
(3)所测点云区域内至少需要设置三个控制点;
(4)控制点布设应尽量均匀覆盖测区全境。

在 Cyclone 中打开之前控制点所测测站,标点后赋值。再将用 RTK 或全站仪所获取的控制点坐标进行格式改写,使其与点云中的标点名称匹配,在软件中匹配完成后检查匹配误差精度是否符合要求,完成点云绝对配准工作。(见图 4-20～图 4-22)

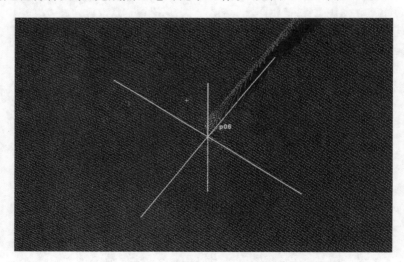

图 4-20　点云测站控制点标点

4.3.4　三维激光扫描技术的应用

有了具有绝对坐标的点云模型后,数量大且密集的点云中每个点都具有了绝对空间坐

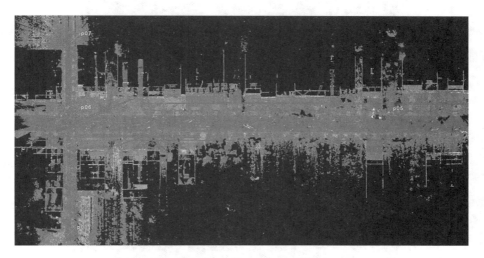

图 4-21 点云测站控制点配准误差表

图 4-22 具有绝对坐标点云模型

标信息,其实用性和适用性将大幅提高,因此广泛应用于测绘、电力、建筑、工业、汽车、游戏、刑侦等相当多的领域。经过点云技术多年以来的不断发展、更新与使用,各行业均获得了许多三维激光的应用实践经验,综合归纳点云数据的应用场景如下:

1. 地形图测绘

三维激光扫描技术在大比例尺地形测绘中的应用,在测区面积较大时能够快速而精确地采集大量点云数据,有效节约人力物力,缩短工期,提高工作效率和经济效益;在复杂地形和危险测区,能够不直接接触危险目标,详细、快速地进行外业数据采集,既保证了人员和设备的安全,又满足了成图精度要求,并同时提高工作效率。(见图 4-23 和图 4-24)

2. 数字高程模型(DEM)及等高线

利用获取的激光点云,可去除部分噪声点并进行栅格化,可以快速生成高质量的数字表面模型(DSM)。同时,如利用自动化方法结合人工编辑对激光点云进行滤波操作,滤除其中的非地面点并进行栅格化,可以得到高质量的数字高程模型。(见图 4-25~图 4-27)

图 4-23 点云高程渲染图

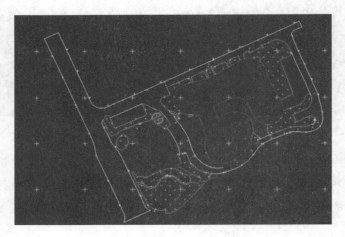

图 4-24 数字线划图（DLG）

图 4-25 点云去噪

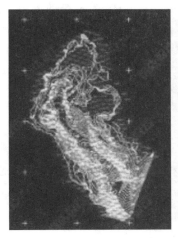 

图 4-26　等高线地形图　　　图 4-27　DEM 图

3. 不动产房屋调绘

在不动产房屋土地确权绘制房屋结构时,可将房屋倾斜影像模型与具有绝对坐标的房屋点云模型同时加载进 EPS 软件中,再进行房屋采集或者以点云为基准,对房屋倾斜模型加以坐标改正,以提高所绘房屋的精度。(见图 4-28)

图 4-28　加载点云模型和倾斜影像模型绘制房屋

4. 其他方面的应用

(1)方量计算:激光雷达系统获取的高精度激光点云和地形三维模型,可以为勘察设计提供断面量测、坡度坡向量测、土方填挖量等信息,大大减少工程勘察设计中的外业工作量,缩短工作周期。

(2)矿山测量:由于矿山地形复杂,采用全站仪和GPS等传统的测量手段进行高精度测绘工作往往费时费力。特别是随着数字矿山概念的提出,矿山管理对空间三维信息的需求也显得更加迫切,三维可视化的管理模式已经成为数字矿山的主要内容之一。近年来,三维激光扫描技术为解决复杂的矿山地形测量和数字矿山建设提供了新的技术手段。三维激光扫描技术具有高分辨率、高采样率以及非接触测量的优势,非常适合用于获取矿山的复杂表面和高危区域的空间三维信息。

(3)立面测绘:三维激光扫描仪在建筑物立面测量领域,克服了传统建筑立面测量的局限性,通过立面扫描方式快速获取详细的立面数据,使立面测量更为直观和高效。

(4)古建筑测量:古建筑测量的特殊性决定其不能用传统的测量方式,而三维激光扫描的测量方式可以发挥其独特的优势,能在较短的时间内获取所测古建筑的三维数据,从而为后期修缮保护、模型存档等工作提供准确的数据支撑。

(5)道路建模:城市道路作为连接城市不同功能区的空间纽带以及城市空间信息流的主要载体,其三维模型是数字城市不可或缺的重要组成部分。道路三维模型一般由路面模型及其附属构造物组成,而三维激光扫描技术能快速获取详细道路面高精度点云数据,并以此为依据构建出更精细的道路模型。(见图4-29)

以上是较为常见的三维激光扫描技术的工程应用方向,此外三维激光扫描技术在森林调查、地质灾害应急与评估、3D城市模型、数字化园区等方向均有深远的发展前景。

图4-29 三维激光扫描在其他方面的应用

◎ 思考题

1. 全站仪数据采集建站的操作步骤是什么？
2. 全站仪数据采集时应进行哪些参数设置？
3. RTK 数据采集时应进行哪些参数设置？
4. 常规 RTK 和网络 RTK 数据采集的区别是什么？
5. 三维激光扫描仪数据采集的步骤是什么？
6. 三维激光扫描仪的主要特点是什么？

项目 5　　数字地形图绘制

教学目标

本项目主要介绍了利用绘图软件进行大比例尺地形图的内业成图步骤和流程等内容，让学生能熟练掌握绘图流程和方法，为进一步学习后续内容做好准备。

思政目标

介绍绘图软件的基本知识，结合野外观测数据完成绘图流程，激发学生对数字测图软件动手实操的学习兴趣，加强学生社会主义道德与专业规范修养，培养学生一丝不苟、善于钻研的工匠精神，切实提高学生爱岗敬业、团结合作的职业精神。

任务 5.1　　数据传输及预处理

数据传输及预处理

◎思考

1. 全站仪数据导出和 RTK 数据导出的步骤是什么？
2. CASS 识别的数据文件格式是什么？其文件扩展名的形式是什么？

5.1.1　全站仪数据导出

数据传输的作用是全站仪与计算机之间的数据相互传输，而要实现全站仪与计算机之间的正常通信，作业前一定要对全站仪等设备进行必要的参数设置。在进行数据传输前，首先应熟悉全站仪的通信参数，以便在传输数据过程中进行人机对话，选择正确的参数；然后选择正确的通信电缆，将全站仪与计算机连接，即可进行计算机与全站仪间的数据传输。现行全站仪也可以用 SD 卡进行导出。由于所用全站仪的品牌与型号不同，数据导出方法也略有不同。

下面以南方测绘 NTS360 全站仪为例,介绍全站仪数据的导出。

1. 全站仪到计算机的数据传输

每次外业数据采集完成之后,应及时地将数据传输到计算机,这样既可保证下次作业时仪器有足够的存储空间,也降低了数据丢失的可能性。由全站仪到计算机的数据传输,通常情况下包括以下几方面内容。

1) 硬件连接

打开计算机,进入 CASS 9.0 系列,查看仪器的相关通信参数,选择正确的数据线,将全站仪与计算机正确连接。

2) 设置通信参数

执行 CASS 9.0 数据菜单下的读取全站仪数据命令,在弹出的对话框中选择相应型号的仪器,设置通信参数(通信口、波特率、校验、数据位、停止位),使其与全站仪内部通信参数相同,选择文件保存位置、输入文件名,并选中"联机"选项。具体通信参数设置如图 5-1 所示。

图 5-1 通信参数设置

3) 传输数据

点击"转换"按钮,弹出计算机等待全站仪与信号提示框,按提示顺序操作,命令区(也称命令行)便逐行显示点位坐标信息,直至通信结束。

2. SD 卡数据导出

(1) 按[MENU]键,仪器进入主菜单 1/2 模式,按[3](存储管理)键,显示图 5-2 所示的存储管理菜单。

(2)按[4](文件导出)键,出现图 5-3 所示的文件导出菜单。

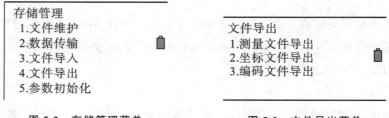

图 5-2 存储管理菜单　　　图 5-3 文件导出菜单

(3)通过键盘直接输入坐标数据文件名或按[F2]键,出现图 5-4 所示的"选择坐标数据文件"对话框,调用内存中需导出的坐标数据文件,按[F4](确认)键。

(4)按[1]至[3]选择要发送的格式,发送格式菜单如图 5-5 所示。发送格式选择 3.自定义(1.点名,2.编码,3.E,4.N,5.Z)。

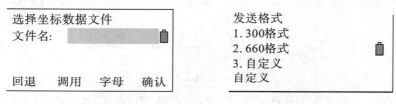

图 5-4　"选择坐标数据文件"对话框　　　图 5-5　发送格式菜单

(5)如图 5-6 所示,输入导出文件名,按[F4](确认)键。传输出来的文件扩展名为".TXT",需将文件扩展名改为".DAT"。

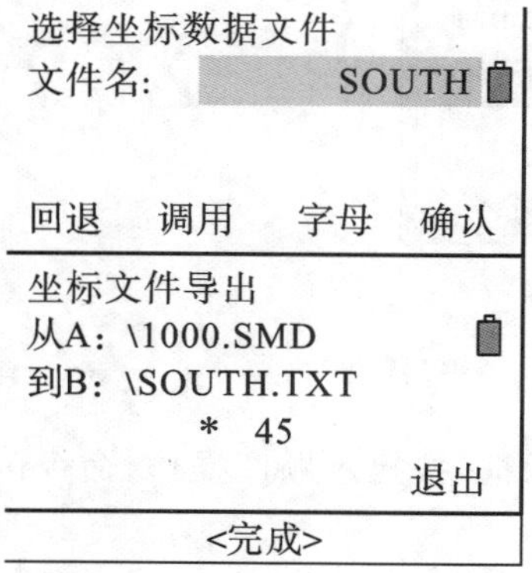

5.1.2　RTK 数据导出

导出点的作用是把点坐标导出为需要的格式,CASS 识别的数据文件格式为点名,编码,X 坐标,Y 坐标,H 高程,文件扩展名为".DAT",具体格式如图 5-7 所示。由于所采用的 RTK 接收机不同,所用的软件也就不同。下面以华测公司 LandStar 7.1 测量软件为例,介绍 RTK 数据的导出。

点击主界面"导出",软件会把需要导出的点导出在手簿内存中的某一路径下,可通过同步软件将文件复制到计算机上。"HC-导出"对话框如图 5-8 所示。

图 5-6　"选择坐标数据文件"对话框和"坐标文件导出"对话框

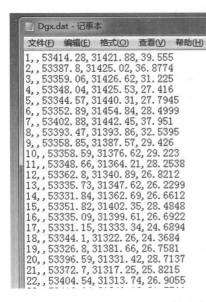

图 5-7 CASS 识别的数据文件格式

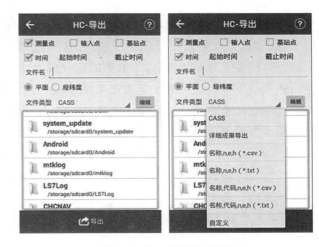

图 5-8 "HC-导出"对话框

导出点类型:用户可选择的导出点类型包括输入点、测量点、基站点三种。

时间:可通过设定起始时间和截止时间选择要导出的点。

坐标系统:可选择平面或经纬度。

文件类型:如.txt、.csv 类型的文件格式,多种固定排列格式可选,能满足大部分客户需求,用户也可自定义文件格式。

路径:选择文件导出路径,点击导出。

任务 5.2 内业成图软件介绍

内业成图软件介绍

◎ 思考

1.利用绘图软件进行大比例尺地形图的内业成图步骤和流程是什么?

2.在绘图软件中展绘地物的方法有哪些?如何绘制等高线?

3.编辑修改地形图的方法有哪些?

5.2.1 CASS 9.0 软件简介

CASS 地形地籍成图软件是基于 AutoCAD 平台技术的 GIS 前端数据处理系统。它广泛应用于地形成图、地籍成图、工程测量应用、空间数据建库、市政监管等领域,全面面向

GIS,彻底打通数字化成图系统与 GIS 接口,使用骨架线实时编辑、简码用户化、GIS 无缝接口等先进技术。CASS 软件自推出以来,已经成长为用户量最大、升级最快、服务最好的主流成图系统。

  计算机辅助设计(CAD)与地理信息系统(GIS)技术飞速发展。同时,社会对空间信息的采集、动态更新的速度要求越来越快,特别是对城市建设所需的大比例尺空间数据方便获取方面的要求越来越高,GIS 数据的建设成为"数字城市"发展的短板。与空间信息获取密切相关的测绘行业在近十年来也发生了巨大而深刻的变化,基于 GIS 对数据的新要求,测绘成图软件也正由单纯的电子地图功能转向全面的 GIS 数据处理,从数据采集、数据质量控制到数据无缝进入 GIS 系统,GIS 前端处理软件扮演越来越重要的角色。

  CASS 9.0 版本相对于以前各版本除了平台、基本绘图功能做了进一步升级之外,还根据最新发布的图式、地籍等标准,更新完善了图式符号库和相应的功能,增加了属性面板等大量超级贴心的工具。

  CASS 将针对特定的行业,推出行业版本:勘测定界版、矿山版、工程版、管线版。

1. CASS 9.0 对系统的配置要求

1)硬件配置

以 AutoCAD 2010 的配置要求为基准。

(1)处理器:

①32 位:

a. Windows XP:Intel Pentium 4 或 AMD Athlon Dual Core,1.6 GHz 或更高,采用 SSE2 技术。

b. Windows Vista:Intel Pentium 4 或 AMD Athlon Dual Core,3.0 GHz 或更高,采用 SSE2 技术。

②64 位:

AMD Athlon 64,采用 SSE2 技术;

AMD Opteron,采用 SSE 技术;

Intel Xeon,支持 Intel EM64T 并采用 SSE2 技术;

Intel Pentium 4,支持 Intel EM64T 并采用 SSE2 技术。

(2)RAM:2 GB。

(3)图形卡:1024 px×768 px 真彩色需要一个支持 Windows 的显示适配器。对于支持硬件加速的图形卡,必须安装 DirectX 9.0c 或更高版本。从"ACAD.msi"文件进行的安装并不安装 DirectX 9.0c 或更高版本,必须手动安装 DirectX 以配置硬件加速硬盘:安装 750 MB。

硬盘:32 位,安装需要使用 1 GB;64 位,安装需要使用 1.5 GB。

2)软件配置

(1)操作系统。

32 位：

Microsoft Windows Vista Business SP1；

Microsoft Windows Vista Enterprise SP1；

Microsoft Windows Vista Home Premium SP1；

Microsoft Windows Vista Ultimate SP1；

Microsoft Windows XP Home SP2 或更高版本；

Microsoft Windows XP Professional SP2 或更高版本。

64 位：

Microsoft Windows Vista Business SP1；

Microsoft Windows Vista Enterprise SP1；

Microsoft Windows Vista Home Premium SP1；

Microsoft Windows Vista Ultimate SP1；

Microsoft Windows XP Professional x64 Edition SP2 或更高版本。

（2）浏览器：Web 浏览器 Microsoft Internet Explorer 7.0 或更高版本。

（3）平台：AutoCAD 2002/2004/2005/2006/2007/2008/2010。

（4）文档及表格处理：Microsoft Office 2003 或更高版本。

2. CASS 9.0 的安装

1）AutoCAD 的安装

CASS 9.0 适用于 AutoCAD 2002/2004/2005/2006/2007/2008/2010，具体各版本 AutoCAD 的安装，请参考其官方说明书。下面以 AutoCAD 2010 为例，讲解 AutoCAD 的安装。AutoCAD 2010 是美国 Autodesk 公司的产品，用户需找相应代理商自行购买。AutoCAD 2010 的主要安装过程请参考其产品安装说明。

（1）AutoCAD 2010 软件光盘放入光驱后执行安装程序，AutoCAD 将出现图 5-9 所示信息，选择"安装产品"和说明语言。

（2）点击"安装产品"，就会出现图 5-10 所示界面，选择"下一步"。

图 5-9　AutoCAD 安装界面（1）

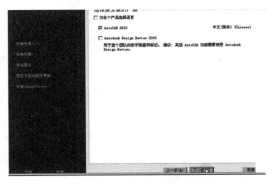

图 5-10　AutoCAD 安装界面（2）

(3)接受许可协议界面如图 5-11 所示,选择"我接受",点击"下一步"。

(4)输入产品和用户信息,在图 5-12 中,录入产品序列号和密钥,点击"下一步"。

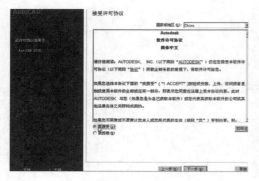

图 5-11　接受许可协议界面　　　　　图 5-12　输入产品和用户信息

(5)配置安装目录,在图 5-13 中配置安装路径,点击"安装"。

(6)安装界面如图 5-14 所示。

图 5-13　配置安装路径　　　　　　　图 5-14　安装界面

(7)稍等几分钟,会出现图 5-15 所示的安装完成界面。点击"完成",按提示操作重启计算机,再启动 AutoCAD 2010 程序。

2)CASS 9.0 的安装

CASS 9.0 的安装应该在安装完 AutoCAD 2010 并运行一次后才进行。打开 CASS 9.0 文件夹,找到 setup.exe 文件并双击它,屏幕上将出现图 5-16 所示的欢迎界面。

选择"同意"后点击"下一步",会出现图 5-17 所示的选择 CAD 平台界面,软件自动检测计算机上所装的 CAD 平台,并提示选择一个 CASS 9.0 的安装平台。

点击"下一步"后,软件会自动安装在指定的 CAD 平台上面,出现图 5-18 所示界面。

点击"安装完成"后,会出现图 5-19 所示软件的驱动程序安装界面,这时必须确保已经插上软件锁。点击图 5-20 上的"完成"按钮,结束 CASS 9.0 的安装。

图 5-15　安装完成界面

图 5-16　CASS 9.0 软件安装欢迎界面

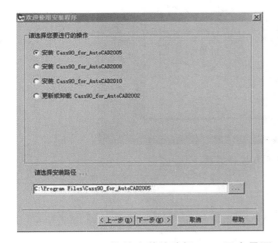
图 5-17　CASS 9.0 软件安装的选择 CAD 平台界面

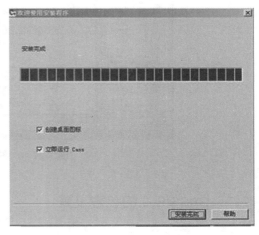
图 5-18　CASS 9.0 软件安装界面

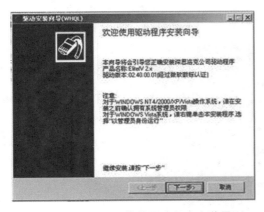
图 5-19　CASS 9.0 软件驱动程序安装界面

图 5-20　CASS 9.0 软件驱动程序安装完成界面

5.2.2　CASS 9.0 的操作界面

CASS 9.0 的操作界面主要分为顶部菜单面板、右侧屏幕菜单和 CAD 工具条、CASS 属性面板、命令区和状态栏,如图 5-21 所示。每个菜单项均以对话框或命令行提示的方式与用户交互应答,操作灵活方便。

图 5-21　CASS 9.0 操作界面

5.2.3　CASS 9.0 的参数设置

CASS 9.0 参数设置对话框用来设置 CASS 9.0 的各种参数。

操作:点击"文件"菜单中的"CASS 参数配置"项,系统会弹出一个对话框,如图 5-22 所示。

图 5-22　CASS 9.0 参数设置对话框

任务5.3 平面图的绘制

◎思考

测点点号定位成图法与坐标定位成图法两种绘图方法各自的优点是什么？

CASS 9.0 地形地籍成图软件提供了测点点号定位成图法、坐标定位成图法、编码引导自动成图法、测图精灵测图法、电子平板仪测图法、数字化仪成图法等6种成图方法。

测记法工作方式要求，外业作业时安排草图绘制人员，在跑尺（镜）员跑尺时，绘图员要标注出所测的是什么（属性信息）及记下所测点的点号（位置信息），在测量过程中要和测量员及时联系，使草图上标注的点号和全站仪里记录的点号一致，在测量每一个碎部点时，不用在电子手簿或全站仪里输入地物编码，故又称为无码方式。

测记法在内业工作室，根据作业方式的不同，分为点号定位、坐标定位、编码引导、原始测量、数据录入等几种方法。

5.3.1 测点点号定位成图法

图 5-23 执行点号定位

测点点号定位成图法作业中，内业成图时，在 CASS 9.0 屏幕菜单上执行点号定位方式，如图5-23所示。系统将提示"选择坐标点数据文件"，并将数据文件读入系统。内业成图时，用该法绘制平面图，只需把坐标数据文件中的碎部点点号展在屏幕上，利用屏幕测点点号，对照草图上标明的点号、地物属性和连接关系，将每个地物绘出即可。其操作步骤如下。

1. 选择测点点号定位成图法

鼠标点击屏幕右侧菜单区"坐标定位"—"点号定位"项，出现图 5-24 所示的"选择点号对应的坐标点数据文件名"对话框。

选择或输入坐标点数据文件名，如 C:\CASS90\DEMO\YMSJ.DAT，则命令区提示：读点完成！共读入 60 点。具体如图 5-25 所示。

图 5-24 "选择点号对应的坐标点数据文件名"对话框

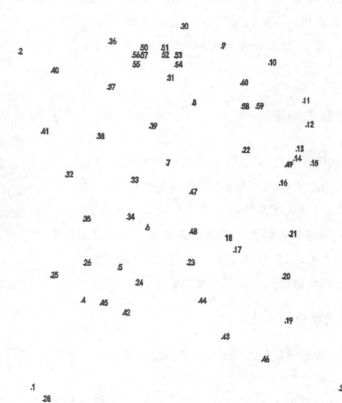

图 5-25 读入点显示

2. 展点

测点是外业测量草图的基本依据,内业绘图时参照测点进行测量点的捕捉与图形连接,因此展测点是内业工作的基础。CASS 9.0 系统提供了展高程点、展野外测点点号、展野外测点代码和展野外测点点位 4 种展点方式,且展在图面上的点,其注记方式可以进行转换。

执行"绘图处理"—"展野外测点点号"命令项,命令行提示:绘图比例尺:＜500＞(输入比例尺分母)。

根据外业草图,选择相应的地形图图式符号在屏幕上绘制平面图。将图 5-25 中的 33、34、35 点号连成一间简单房屋。移动鼠标至右侧菜单栏居民地一般房屋处,按左键,系统便弹出图 5-26 所示对话框,再移动鼠标至"四点房屋"的图标处。按左键,图标变亮表示该图标已被选中。

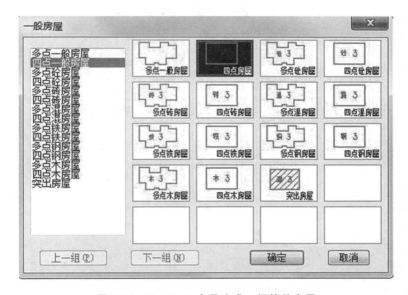

图 5-26 33、34、35 点号连成一间简单房屋

1.已知三点/2.已知两点及宽度/3.已知四点＜1＞:1

说明:已知三点是指测矩形房子时测了三个点;已知两点及宽度则是指测矩形房子两个点及房子的一条边;已知四点则是测了房子的四个角点。

鼠标点 P/＜点号＞33

点 P/＜点号＞34

点 P/＜点号＞35

33、34、35 点则连成一间普通房屋。注意:

(1)当房子是不规则图形时,可用"实线多点房屋"或"虚线多点房屋"来绘。

(2)绘房子时,输入的点号必须按顺时针或逆时针的顺序输入,如上例的点号应按 34、33、35 或 35、33、34 的顺序输入,否则绘出来的房子就不对。

重复上述操作,将 37、38、41 号点绘成四点棚房,60、58、59 号点绘成四点破坏房屋,12、14、15 号点绘成四点建筑中房屋,50、51、53、54、55、56、57 号点绘成多点一般房屋。

同样,用"居民地/垣栅/依比例围墙"图标,将 9、10、11 号点绘成依比例围墙的符号;用"居民地/垣栅/篱笆"图标,将 40、31、17、46 号点绘成篱笆的符号。完成操作后,其平面图如图 5-27 所示。

依次类推,根据草图表示的地物类别,选择相应的地类将各类图形绘制出来,重复上述操作便可以将所有测点用地图图式符号绘制出来,形成完整的平面图。在操作的过程中,可以套用别的命令,如放大显示、移动图纸、删除、文字注记等。

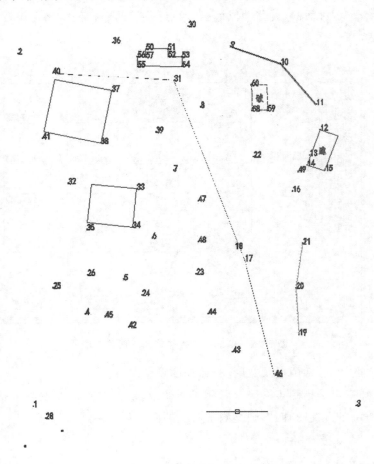

图 5-27 最终平面图

5.3.2 坐标定位成图法

平面图绘制
(坐标定位)

坐标定位成图法的原理类似于测点点号定位成图法,所不同的仅仅是绘图时点位的获取不是通过点号,而是利用坐标或屏幕捕捉功能直接在屏幕上捕捉所展的点。

坐标定位成图法具体的操作步骤和测点点号定位成图法一样,依次为:选择坐标定位成图方式→展点→利用右侧的屏幕菜单绘平面图。

1. 选择坐标定位成图方式

点击屏幕右侧菜单区"坐标定位"—"坐标定位"项,出现"选择点号对应的坐标点数据文件名"对话框。

2. 展点

此步骤操作与测点点号定位成图法作业流程的"展点"操作相同。

仍以绘制居民地为例,移动鼠标至右侧屏幕菜单的"居民地"—"一般房屋"处点击,系统便弹出选择"一般房屋"对话框,在对话框中选择"四点房屋",按"确定"按钮后命令区显示:1.已知三点/2.已知两点及宽度/3.已知四点<1>:1。

移动鼠标至屏幕下方状态栏"对象捕捉"按钮,点击右键选择设置选项,弹出草图设置对话框,如图 5-28 所示,在对话框中选择"对象捕捉"标签,勾选"节点"选择框并按"确定"按钮。

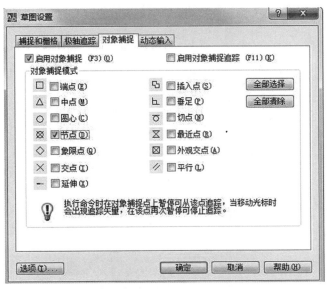

图 5-28 "草图设置"对话框

输入点：鼠标靠近33号点，出现黄色标记，点击左键，完成捕捉工作。"选项"对话框参数设置如图5-29所示。

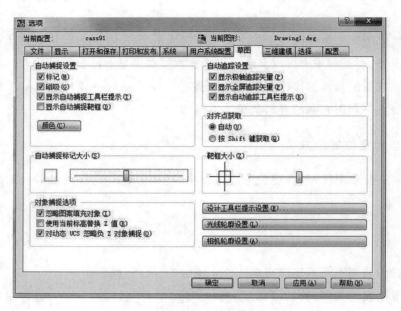

图 5-29 "选项"对话框

输入点：(捕捉34号点)

输入点：(捕捉35号点)

这样，将33、34、35号点连成一间普通房屋，成果图如图5-30所示。

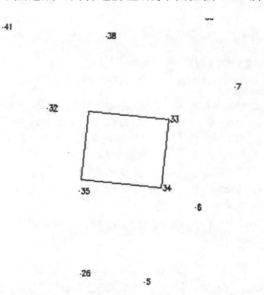

图 5-30 "一般房屋"成果图

在输入点时,嵌套使用了捕捉功能,选择不同的捕捉方式会出现不同形式的黄色光标,适用于不同的情况。

命令区要求输入点时,可以用鼠标左键在屏幕上直接点击,为了精确定位也可输入实地坐标。下面以"路灯"为例,执行右侧屏幕菜单之"独立地物"—"其他设施"项,弹出"其他设施"对话框,移动鼠标,选中"路灯"图标,然后点击"确定"按钮。

命令区显示:

输入点:143.35,159.28

这时就会在(143.35,159.28)处绘制一个路灯。

随着鼠标在屏幕上移动,左下角提示的坐标实时变化。以此类推,根据草图表示的地物类别,选择相应的地类将各类图形绘制出来。重复上述操作,便可以将所有测点用地图图示符号绘制出来,形成完整的平面图,最终成果图如图 5-31 所示。

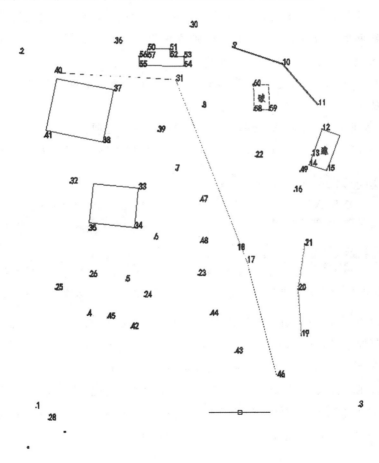

图 5-31　绘制的平面图

任务 5.4　等高线的绘制与编辑

◎思考

1. 绘制等高线时，为何要建立 DTM？
2. 等高线编辑修改的内容有哪些？

5.4.1　等高线的绘制

等高线的绘制是地形图绘制的一部分。在绘制等高线之前，必须先将野外测得的高程点建立数字地面模型（DTM），然后在数字地面模型上生成等高线。等高线绘制步骤：设置比例尺→导入数据→建立 DTM→绘制等高线。

在使用 CASS 9.0 自动生成等高线时，也要先建立数字地面模型，在这之前，可以选择"展高程点"选项。

如图 5-32 所示，执行菜单"绘图处理"—"展高程点"选项。

如图 5-33 所示，选择"改变当前图形比例尺"，绘制比例尺 1∶500。输入比例尺，回车。

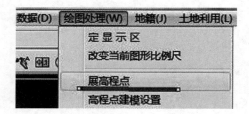
图 5-32　"展高程点"选项

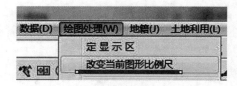
图 5-33　"改变当前图形比例尺"选项

如图 5-34 所示，打开"输入坐标数据文件名"对话框，输入文件名，点击"打开"按钮。

根据规范要求，输入高程点注记距离，回车默认为注记全部高程点的高程。这时，所有高程点和控制点的高程均自动展绘到图上，如图 5-35 所示。

如图 5-36 所示，执行"等高线"—"建立 DTM"命令，出现"建立 DTM"对话框。

如图 5-37 所示，输入文件名（D:\Program Files（x86）\Cass90 for AutoCAD2005\DEMO\Dgx.DAT）。在对话框中选择建立 DTM 的方式。

项目5 数字地形图绘制

图 5-34 "输入坐标数据文件名"对话框

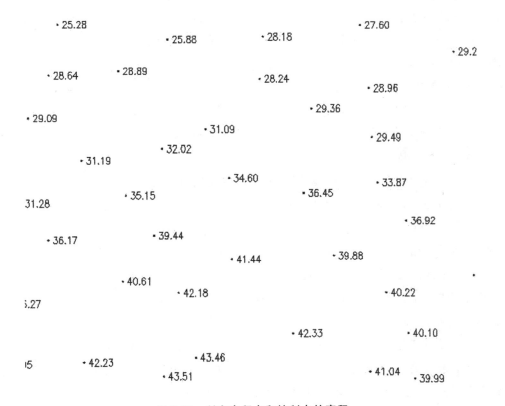

图 5-35 所有高程点和控制点的高程

127

 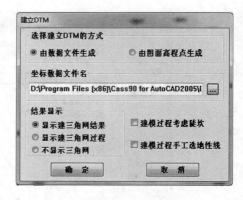

图 5-36　执行"等高线"—"建立 DTM"命令　　　图 5-37　"建立 DTM"对话框

"建立 DTM"对话框结果显示说明：

(1)建模过程考虑陡坎。

如果要考虑坎高因素，则在建立 DTM 前系统自动沿坎毛的方向插入坎底点(坎底点的高程等于坎顶线上已知点的高程减去坎高)，这样，新建坎底的点便参与三角网组网的计算。在建立 DTM 之前，必须先将野外的点位展出来，再用捕捉最近点方式将陡坎绘制出来，然后还要赋予陡坎各点坎高。

(2)建模过程手工选地性线。

地性线是过已知点的复合线，如山脊线、山谷线。如有地性线，可用鼠标逐个点取地性线，如地性线很多，可专门新建一个图层放置，提示选择地性线时选定测区所有实体，再输入图层名将地性线挑出来。

如果建三角网时考虑坎高或地性线，系统在建立三角网时速度会减慢。

(3)显示建三角网结果/显示建三角网过程/不显示三角网。显示建立三角网的不同情况。

结果显示等相关选项完成后，点击"确定"按钮，绘图区出现建网结果。命令区提示生成的三角形个数。如图 5-38 所示，连三角网完成，共 224 个三角形。

完成上述操作后，便可绘制等高线。删除不合理的三角网，如图 5-39 所示，点击菜单"等高线"—"绘制等高线"，弹出"绘制等值线"对话框。

"绘制等值线"对话框中会显示参加生成 DTM 的高程点的最小高程和最大高程。如果只生成单条等高线，那么就在单条等高线高程中输入此条等高线的高程；如果生成多条等高线，则在等高距框中输入相邻两条等高线之间的等高距。最后选择等高线的拟合方式，有"不拟合(折线)""张力样条拟合""三次 B 样条拟合"和"SPLINE 拟合"四种拟合方式。观察等高线效果时，可输入较大等高距，并选择"不拟合(折线)"，以加快速度。如选择"张力样条拟合"，则拟合步距以 2 m 为宜，但这时生成的等高线数据量比较大，速度会稍

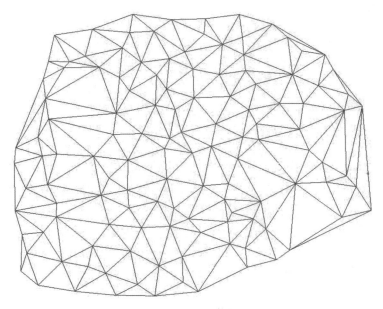

图 5-38 三角网

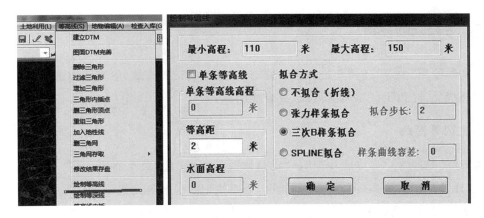

图 5-39 "绘制等值线"对话框

慢。当测点较密或等高线较密时最好选择"三次 B 样条拟合",也可选择不光滑,最后再用"批量拟合"功能对等高线进行拟合。选择"SPLINE 拟合",则用标准 SPLINE 样条曲线来绘制等高线,输入样条曲线容差(容差是曲线偏离理论点的允许差值)。SPLINE 线的优点在于即使其在被断开后仍然是样条曲线,可以进行后续编辑修改,缺点是较"三次 B 样条拟合"容易发生线条交叉现象。各选项选择完成以后,点击"确定"按钮或直接回车。当命令区如图 5-40 所示显示绘制完成点时,便完成了等高线的绘制工作。

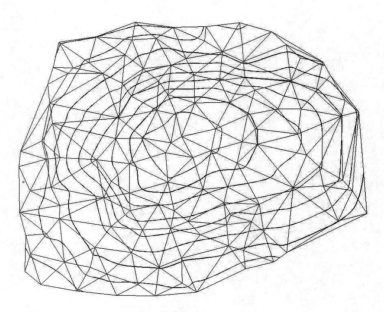

图 5-40 绘制完成点

5.4.2 等高线的编辑

等高线绘制完成后还需要进行各种修饰,主要有注记等高线、等高线修剪、切除指定二线间等高线、切除指定区域内等高线、复合线滤波。

1. 注记等高线

执行"等高线"→"等高线注记"→"批量修改等高线"或"单个高程注记"命令。命令区提示,选择需注记的等高(深)线:移动鼠标,至要注记高程的等高线位置。

依法线方向指定相邻一条等高(深)线:移动鼠标至等高线位置,按左键。

如图 5-41 所示,等高线高程值即自动注记 A 处,且字头朝 B 处。

2. 等高线修剪

执行"等高线"—"等高线修剪"命令,弹出"等高线修剪"对话框,如图 5-42 所示。

首先选择消隐还是剪切等高线,然后选择整图处理、手工选择需要修剪的等高线,还是按范围线选择,最后选择修剪穿越地物等高线和修剪穿注记符号等高线各选项,点击"确定"后会根据输入的条件修剪等高线。

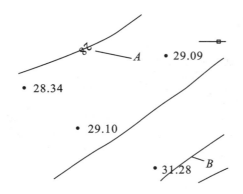

图 5-41 注记等高线

图 5-42 "等高线修剪"对话框

3. 切除指定二线间等高线

如图 5-43 所示,执行"等高线"→"等高线修剪"→"切除指定二线间等高线"命令,命令区提示:

选择第一条线:(用鼠标指定一条线,例如选择公路的一边)

选择第二条线:(用鼠标指定第二条线,例如选择公路的另一边)

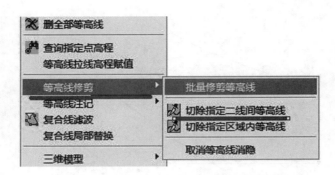

图 5-43 执行"切除指定二线间等高线"命令

如图 5-44 所示,程序将自动切除等高线穿过此二线间的部分。

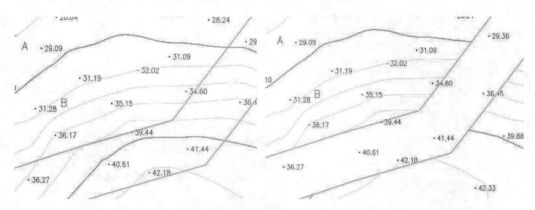

图 5-44 切除指定二线间等高线效果图

4. 切除指定区域内等高线

如图 5-45 所示,执行"等高线"—"等高线修剪"—"切除指定区域内等高线"命令,命令区提示:

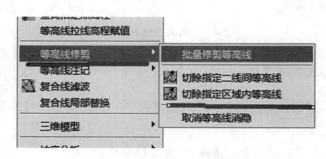

图 5-45 执行"切除指定区域内等高线"命令

选择要切除等高线的封闭复合线:(选择已封闭复合线,系统将该复合线内所有等高线

切除）

注意封闭区域的边界一定要是复合线,如果不是,系统将无法处理。切除指定区域内等高线效果图如图 5-46 所示。

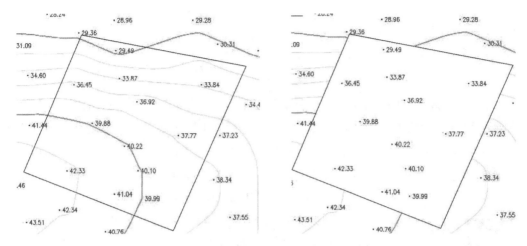

图 5-46　切除指定区域内等高线效果图

5. 复合线滤波

复合线滤波功能可在很大程度上给绘制好的等高线的图形文件"减肥"。一般的等高线都是用样条拟合的,虽然从图上看起来节点数很少,但事实却并非如此。实际等高线在拟合过程中有大量的中间节点,大大增加了图形文件的大小,使用复合线滤波功能可以减少大量的节点数,起到简化图形的效果。在进行复合线滤波时,系统提示输入滤波阈值 0.5 m。这个值越大,精简的程度就越深,但是会导致等高线失真及变形,因此可根据实际需要选择合适的值,一般选系统默认的值。复合线滤波效果图如图 5-47 所示。

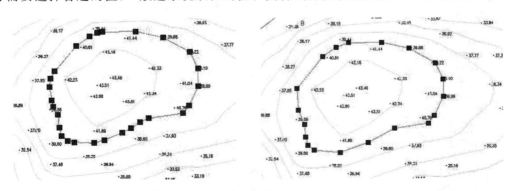

图 5-47　复合线滤波效果图

数字地形图的注记

任务5.5 数字地形图的注记

◎思考

"地物编辑"菜单下各项命令是如何操作的?

在大比例尺数字测图的过程中,由于实际地形、地物的复杂性,漏测、错测是难以避免的,这时必须有一套功能强大的图形编辑系统,对所测地形图进行屏幕显示和人机交互图形编辑,在保证精度情况下消除相互矛盾的地形、地物,对于漏测或错测的部分,及时进行外业补测或重测。另外,对地图上的道路、河流、街道等进行文字注记说明,也是很重要的。

图形编辑的另一重要用途是对大比例尺数字化地图的更新,可以借助人机交互图形编辑,根据实测坐标和实地变化情况,随时对地形图的地形、地物进行增加或删除修改等,以保证地图具有良好的现势性。

5.5.1 "地物编辑"菜单介绍

对于图形的编辑,CASS 9.0 提供"编辑"和"地物编辑"两个菜单。其中,"编辑"是由 AutoCAD 提供的编辑功能(图元编辑、删除、断开、延伸、修剪、移动、旋转、比例缩放、复制、偏移拷贝等),"地物编辑"是由 CASS 9.0 系统提供的专门针对地物的编辑功能(线型换向、植被填充、土质填充、批量删剪、批量缩放等)。

这里只简单介绍一些常用编辑功能,详细使用方法请参阅 CASS 9.0 操作手册。

"地物编辑"菜单如图 5-48 所示,主要提供对地物的编辑功能。下面对该菜单下的一些主要功能进行简单介绍。

"重新生成":能根据图上骨架线重新生成一遍图形。通过该功能,编辑复杂地物(如围墙、陡坎等)只需编辑其骨架线。

"线型换向":用来改变各种线型地物(如陡坎)的方向。

"修改墙宽":依照围墙的骨架线来修改围墙的宽度。

"批量缩放":可对屏幕上的注记文字和地物符号进行批量放大或缩小,还可使各文字位置相对它被缩放前的定位点移动

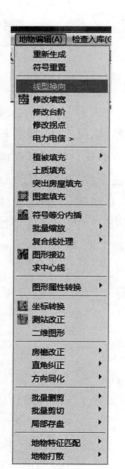

图 5-48 "地物编辑"菜单

一个常量。

"测站改正":如果用户在外业不慎搞错了测站点或定向点,或者在做控制前先测碎部,可以应用此功能进行测站改正。

"局部存盘":分为窗口内的图形存盘和多边形内图形存盘。前者能将指定的图形存盘,主要用于图形分幅;后者能将指定多边形内的图形存盘,水利、公路和铁路测量中的带状地形图可用此法截取。

以上这些常用的图形编辑功能都是按命令行提示操作,操作较简单。

"图形接边":当两幅用旧图数字化得到的图形进行拼接时,存在同一地物错开的现象,可用此功能将地物的不同部分拼接起来形成一个整体。执行本菜单命令后,弹出图 5-49 所示的对话框。输入接边最大距离和无节点最大角度后,可选用手工、全自动、半自动 3 种方式接边。

"手工"是每次接一对边,"全自动"是批量接多对边,"半自动"是每接一对边提示是否连接。

图 5-49 "图形接边"对话框

"图形属性转换":提供 16 种转换方式,前 15 种方式有单个和批量两种处理方法。以"图层→图层"为例,单个处理时,命令行提示:

转换前图层:(输入转换前图层)

转换后图层:(输入转换后图层)

系统会自动将要转换图层的所有实体变换到要转换到的图层中。如果要转换的图层很多,可采用"批量处理",但是要在记事本中编辑一个索引文件,格式是:

转换前图层 1,转换后图层 1

转换前图层 2,转换后图层 2

转换前图层 3,转换后图层 3

END

"植被填充""土质填充""突出房屋填充""图案填充"都是在指定区域内填充上适当的符号,但指定区域必须是闭合的复合线。按提示操作,系统将自动按照 CASS 9.0 参数配置的符号间距,给指定区域填充相应的符号。

5.5.2 注记

地形图上除了各种图形符号,还有各种注记要素(包括文字注记和数字注记)。CASS 9.0 提供了多种不同的注记方法,注记时可将汉字、字符、数字混合输入。

1. 使用屏幕菜单中的"文字注记"

屏幕菜单中的每一种定位方法均提供了文字注记功能。用鼠标选择屏幕菜单中的"文字注记"功能项,打开图 5-50 所示的下拉菜单。

选择该菜单中的每一菜单项,都将打开相应对话框。如选择"常用文字"项,则打开图 5-51 所示的对话框。该对话框中已预先将一些常用的注记用字做成字块,当我们用到这些字时,可以直接在该对话框中选取,可方便地将常用字注记到鼠标指定的位置。

图 5-50 "文字注记"功能项下拉菜单

图 5-51 "常用文字"对话框

执行"变换字体"命令,则打开图 5-52 所示的对话框,这里有 15 种字体供选用,可改变当前默认字体,按图示的要求进行注记,如水系用斜体字注记。

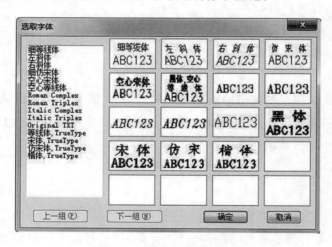

图 5-52 "选取字体"对话框

执行"特殊注记"命令,在打开的对话框中可以注记屏幕上任意点的测量坐标和房屋的地坪标高。如在对话框中点击"注记坐标"图标,确定后系统在命令区提示:

指定注记点:【设置注记小数位(S)】(利用各种捕捉方式来指定待注记点)

注记位置:(用鼠标在注记点周围合适位置指定注记位置)

系统将由注记点向注记位置引线,并在注记位置处注记出注记点的测量坐标。

2. 使用"工具"菜单下的"文字"

在"工具"—"文字"中有二级菜单,使用该菜单可满足注记文字、编辑文字等要求,如图5-53 所示。其中"编辑文字"用于对已注记的文字进行修改。选择"编辑文字"功能项,系统在命令行窗口提示:

选择注释对象:(用鼠标选择需要编辑的文字)

图 5-53 "文字"二级菜单

选择文字后系统显示编辑文字对话框,如图 5-54 所示。在文字编辑框内修改即可。

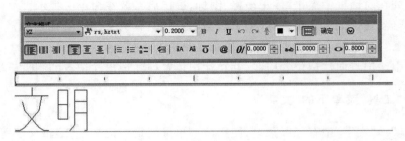

图 5-54　编辑文字对话框

在"工具"—"文字"的二级菜单中,"炸碎文字"命令是将文字炸碎成一个个独立的线实体;"文字消隐"可以遮盖图形上穿过文字的实体,如穿过高程注记的等高线;"批量写文字"是在一个边框中放入文本段落。

任务 5.6　数字地形图的整饰与输出

数字地形图的
整饰及输出

◎思考

1. 为什么进行图形分幅?
2. 图幅整饰过程中要注意什么?
3. 输出图形打印时要注意哪些参数?

5.6.1　图形分幅与图幅整饰

1. 图形分幅

图形分幅前,首先应了解图形数据文件中的最小坐标和最大坐标。

信息栏显示的坐标,前面的为 y 坐标(东方向),后面的为 x 坐标(北方向)。

执行"绘图处理"—"批量分幅"命令,如图 5-55 所示,命令行提示:

请选择图幅尺寸:(1)50*50　(2)50*40　(3)自定义尺寸＜1＞(按要求选择或直接回车,默认选1)

请输入分幅图目录名:(输入分幅图存放的目录名,回车)

输入测区一角:(在图形左下角点击左键)

输入测区另一角:(在图形右上角点击左键)

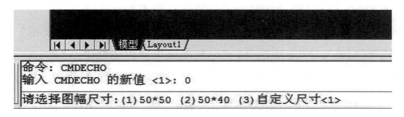

图 5-55 批量分幅命令行提示

这样在所设目录下就产生了各个分幅图,它们自动以各个分幅图的左下角的东坐标和北坐标结合起来命名,如"31.00-53.00""31.00-53.50"等。

如果要求输入分幅图目录名时直接回车,则各个分幅图自动保存在安装了 CASS 9.0 驱动器的根目录下。

2. 图幅整饰

先把图形分幅时所保存的图形打开,并执行"文件"—"加入 CASS 环境"命令。然后执行"绘图处理"—"标准图幅"命令,打开图 5-56 所示的对话框,输入图幅的名字、邻近图名、测量员、绘图员、检查员,在"左下角坐标"的"东""北"栏内输入相应坐标,如此处输入"53000""31000"(最好拾取)。在"删除图框外实体"前打钩,则可删除图框外实体,按实际要求选择。最后用鼠标点击"确定"按钮,即可得到加上标准图框的分幅地形图。

图 5-56 图幅整饰界面

图廊外的单位名称、日期、图式和坐标系、高程系等可以在加框前定制,即点击"CASS参数配置"—"CASS9.0"—"综合设置"—"图廓属性",在弹出的对话框(见图5-57)中依实际情况填写,定制符合实际的统一的图框,也可以直接打开图框文件,利用"工具"菜单"文字"项的"写文字""编辑文字"等功能,依实际情况编辑修改图框图形中的文字,不改名称存盘,即可得到满足需要的图框。

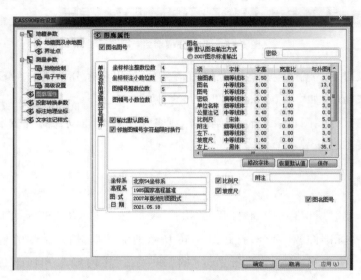

图 5-57　CASS9.0 综合设置

5.6.2　绘图输出

地形图绘制完成后,可用绘图仪、打印机等设备输出。如图 5-58 所示,执行"文件"—"绘图输出"—"打印"命令,打开"打印"对话框,在对话框中可完成相关打印设置,并打印出图。

图 5-58　"绘图输出"二级菜单

◎ 思考题

1. CASS 识别的数据文件格式是什么？其文件扩展名的形式是什么？

2. 利用绘图软件绘制平面图时，主要有哪几种成图方法？其中，测点点号定位成图法与坐标定位成图法两种绘图方法各自的优点是什么？

3. 简述绘图软件"测记法工作方式"成图的具体方法与步骤。

4. 在绘图软件中展绘地物的方法有哪些？

5. 简述使用绘图软件绘制等高线的主要操作步骤。

项目 6　　数字测图质量控制与技术总结

教学目标

本项目介绍了数字测图质量控制的标准、过程质量控制的步骤、成果检查验收的相关知识以及编写技术总结的相关知识,目的是让学生对自己所测成果能够进行自我评定,提交拟合成果,并进行技术总结,为以后相关工作提供借鉴。

思政目标

本项目主要通过介绍大比例尺数字测图质量要求、数字测图过程质量控制、成果检查与评定、验收报告的编写和技术总结的编写来增强学生的质量意识、树立严谨的工作作风以及养成善于思考总结的习惯。

任务 6.1　　数字测图检查验收与评定

◎思考

1. 大比例尺数字测图质量要求有哪些?
2. 如何进行数字测图过程质量控制?
3. 数字测图成果检查与评定有哪些内容?

6.1.1　大比例尺数字测图质量要求

数字测图产品质量是测图工程项目成败的关键,它不仅关系到测绘企业的生存和社会信誉,甚至影响到整个工程建设项目的质量。为保证数字测图的质量,必须牢固树立"质量第一、注重实效"的思想观念。数字测图的质量控制是指测绘单位从承接测图任务、组织准备、技术设计、生产作业直至产品交付使用全过程实施的质量管理。

1. 数字地形图质量特性

1) 数据说明

数据说明是数字地形图的一项重要质量特性,数字地形图的质量要求应包含数据说明部分。数据说明可存储于产品数据文件的文件头中,或以单独的文件存储。数据说明文件应为文本文件,内容的编排格式可以自行确定。数字地形图的数据说明应包括表 6-1 所示的内容。

表 6-1 数字地形图的数据说明

项 目	描 述
产品名称、范围说明	1.产品名称 2.图名、图号 3.产品覆盖范围 4.比例尺
存储说明	1.数据库名或文件名 2.存储格式和/或简要使用说明
数学基础说明	1.椭球体 2.投影 3.平面坐标系 4.高程基准 5.等高距
采用标准说明	1.地形图图式名称及编号 2.测图规范名称及编号 3.地形图要素分类与代码标准的名称及编号 4.其他
数据源和数据采集方法说明	1.摄影测量方法采集 2.地形图数字化 3.野外采集
数据分层说明	1.层名 2.层号 3.内容
产品生产说明	1.生产单位 2.生产日期
产品检验说明	1.验收单位 2.精度及等级 3.验收日期
产品归属说明	1.归属单位
备注	

2) 数据分类与代码

大比例尺数字地形图的数据分类与代码应遵循科学性、系统性、可扩延性、兼容性与适用性原则,符合《1∶500 1∶1000 1∶2000 地形图要素分类与代码》(见图 6-1)的要求。

3) 数字地形图数据的位置精度

如表 6-2 所示,大比例尺数字地形图地物点的平面位置精度,要求地物点相对最近野外控制点的图上点位中误差在平地和丘陵地区不得大于 0.6 mm。

高程精度要求:高程注记点相对最近野外控制点的高程中误差在平地和丘陵地区,1∶500 不得大于 0.4 m,1∶1000 和 1∶2000 不得大于 0.5 m。

等高线对最近野外控制点的高程中误差在平地和丘陵地区,1∶500 不得大于 0.5 m,1∶1000 和 1∶2000 不得大于 0.7 m。

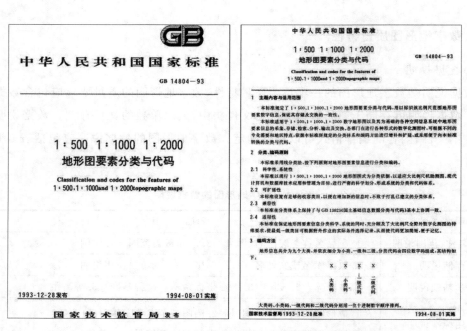

图 6-1 《1∶500 1∶1000 1∶2000 地形图要素分类与代码》

表 6-2 平面、高程精度

地形类别	比 例 尺								
	1∶500			1∶1000			1∶2000		
	地物点/mm	注记点/m	等高线/m	地物点/mm	注记点/m	等高线/m	地物点/mm	注记点/m	等高线/m
平地	0.6	0.4	0.5	0.6	0.5	0.7	0.6	0.5	0.7
丘陵地	0.6	0.4	0.5	0.6	0.5	0.7	0.6	0.5	0.7
山地	0.8	0.5	0.7	0.8	1.0	1.0	0.8	1.2	1.5
高山地	0.8	0.7	1.0	0.8	1.5	2.0	0.8	1.5	2.0

形状保真度:要求各要素的图形能够正确反映实地地物的形态特征,并无变形扭曲。

接边精度:在几何图形方面,相邻图幅接边地物要素在逻辑上应保证无缝接边,相邻图幅接边地物要素属性应保持一致;在拓扑关系方面,相邻图幅接边地物要素的拓扑关系应保持一致。

4)数字地形图要素的完备性

地形要素的完备性是指各种要素不能有遗漏或重复现象,数据分层要正确,各种注记要完整,并指示明确等。

5)数字地形图的图形质量

数字地形图模拟显示时,其线画应光滑、自然、清晰、无抖动、重复等现象。符号应符合相应比例尺地形图的图式规定。注记应尽量避免压盖地物,其字体、字大、字向等一般应符合地形图图式规定。

高程注记点密度为图上每 100 cm² 内 8～20 个。

2. 数字地形图其他要求

1) 分类

数字地形图按其数据形式分为矢量数字地形图和栅格数字地形图两类产品,代号分别为 DV 和 DR。

2) 产品标记

数字地形图的产品标记规定为:产品名称＋分类代号＋分幅编号＋使用标准号。

3) 构成

数字地形图由分幅产品和辅助文件构成,每一分幅产品由元数据、数据体和整饰数据等相关文件组成。

数字测图是一项精度要求高、作业环节多、涉及知识面广、技术含量高、组织管理复杂的系统工程。要控制数字测图产品质量,就必须以保证质量为中心、满足需求为目标、防检结合为手段、全员参与为基础,明确各工序、各岗位的职责及相互关系,规定考核办法,以作业过程质量、工作质量确保数字测图产品质量。

6.1.2 数字测图过程质量控制

过程的质量控制

所谓质量控制,就是为满足质量要求所采取的作业技术和活动,即运用科学技术与方法来管理和控制生产过程,以便在最佳的经济效果下生产出符合用户要求的产品。数字测图过程的质量控制实质上就是严格执行技术设计和有关规范的过程。

数字测图过程的质量控制,包含准备阶段的质量控制、野外测图质量控制及内业成图质量控制。

1. 准备阶段的质量控制

1) 收集资料、野外准备的质量控制

测图任务确定后,根据评审后的测绘合同(或测量任务书)中确定的测区范围和相关要求,调查了解测区及附近的已有测绘工作情况,并收集必要的测绘成果资料为本次测图服务。

收集的已有控制测量成果不但要有坐标和高程数据,还应有这些成果的平面坐标系统和高程系统,选用的投影面、投影带及其带号,依据的规范,施测等级,最终的实测精度,测图比例尺及测量单位,施测年代等质量信息。提供成果资料的单位要盖章,以证明资料的真实性和正确性。

野外准备应对测区踏勘,是在充分研究分析已收集资料的基础上,现场调查了解已有控制点、图根点的实际质量。此外,还应考察了解测区的地物特点、地貌特征、测绘难易程度、交通运输情况等方面的信息,以便针对测区的具体情况考虑适当的测绘手段和对策。

2)对仪器设备的要求

一项测图任务实施前,必须对所用的仪器设备进行检验校正,以判断其状况。在生产过程中使用的计算机、信息存储介质、输入输出设备及其他各种物资,不合格的不准投入使用;所使用的成图软件应具有软件开发证书、鉴定证书、应用报告等相关证明材料。绘制出的地形图,其分类、命名、内容等必须符合现行规范的要求。

2. 野外测图质量控制

野外测图质量控制要制定完整可行的工序管理流程表,严格遵循测绘工作的三大基本原则,严格执行技术设计书中的各项任务,加强工序管理的各项基础工作,有效控制产品质量的各种因素。

1)图根控制测量

(1)图根平面控制测量的布设层次不宜超过两次附合,图根点密度符合技术设计书的要求;

(2)图根点高程宜采用图根水准测量方法、图根光电测距三角高程测量方法或GNSS测量方法测定。

2)碎部点数据采集

碎部点数据采集是数字测图工程的基本工作,也是关键工序,所以应尽量采用自动化采集系统直接测量碎部点的三维坐标。

设置测站时,对中误差、仪器高及觇标高的量取要符合技术设计书中的要求;后视定向后,务必要实测另一控制点坐标,并与其已知坐标进行对比,误差均小于限差后,方可进行碎部点数据采集;采集数据时,读数、记数的位数、测距的最大长度、高程注记点间距及测绘内容的取舍等均应符合规范要求;野外草图的绘制要清晰明了,信息表达明确唯一;外业采集的数据应及时传输至计算机,做好原始数据的备份,并及时成图。

3. 内业成图质量控制

数据处理是内业的主要工序之一,它是对计算机中的原始数据文件进行转换、分类、计算、编辑,最终生成标准格式的绘图数据文件和绘图信息文件的过程。

图形处理对最终成果质量具有至关重要的作用,它是利用数字化成图软件在计算机中依据绘图数据文件、绘图信息文件,生成地形图。绘制的地形图符号不仅要与现行地形图图式规定的符号完全一致,而且位置精度也要符合技术设计书中的相关要求。

成果输出就是根据编辑好的地形图图形文件在绘图仪上输出纸质地形图。图形绘制时应设置好绘图比例尺、绘图范围、各要素的线粗等,控制绘图质量。

数字测图是一项精度要求高、作业环节多、工序复杂、参与人员多、组织管理较为困难的系统工程。为了保证数字测图的质量,就必须从数字测图项目的准备阶段开始,直至项目结束,实施全过程质量控制。

6.1.3　数字测图成果检查与评定

测绘产品的检查验收是生产过程中必不可少的工序,是保证测绘产品质量的重要手段,是对测绘产品最终质量的评价。数字测图成果检查与评定的主要内容包括测绘成果检查验收概述、数字测图成果检查的内容、质量评定、检查验收报告。

1. 测绘成果检查验收概述

(1)两级检查为测绘单位作业部门的过程检查和测绘质量管理部门的最终检查。两级检查有以下基本要求:

①过程检查采用全数检查。最终检查一般采用全数检查,涉及野外检查项的可采用抽样检查,样本以外的应实施内业全数检查。

②各级检查工作应独立、按顺序进行,不得省略、代替或颠倒顺序。

③最终检查应审核过程检查记录。

验收:项目委托单位组织实施或该单位委托具有检验资格的检验机构完成;通过在批成果中抽样检查进而确定整个工程质量是否合格。

(2)检查验收的依据包括测绘合同、项目任务书、批准后的技术设计书、有关技术规定、委托检查验收书、《数字测量成果质量检查与验收》等。

(3)质量检查的方法包括参考数据比对、内部检查、野外实测。

(4)应提供的成果资料包括:

①技术设计书、技术总结等;

②文档簿、质量追踪卡等;

③成果说明文件;

④数据文件,包括数据采集原始数据文件、图根点成果文件、细部点成果文件等;

⑤作为数据源使用的原图或复制的二底图;

⑥图形信息数据文件和地形图图形文件;

⑦地形图底图;

⑧最终检查报告。

2. 数字测图成果检查的内容

1）内业检查与验收

（1）各等级控制测量（平面和高程）成果的检验。

（2）各种原始数据文件的检验：

①数据采集原始信息资料的可靠性、正确性检验；

②图根点、细部点成果文件的检验；

③仪器设备检验的项目、方法、结论和计量核定等方面的原始记录和文件的检查。

（3）各项电子成果资料的检查验收：

①成果说明文件及图幅数量的检查；

②图形信息文件和地形图图形文件的检查；

③其他方面检查验收。

（4）数字地形图的模拟显示检验及底图检查验收。

2）外业检查与验收

（1）地物点点位（x,y,H）的检测。

原则上应能准确反映所检样本的平面点位精度和高程精度，一般每幅图选取 20～50 个点。

检测方法：野外测量采集数据的数字地形图，当比例尺大于 1∶5000 时，检测点的平面坐标和高程采用外业散点法按测站点精度施测。

用钢尺或测距仪量测相邻地物点间距离，量测边数量每幅一般不少于 20 处。

（2）检测数据的处理。

①分析检测数据，检查各项误差是否符合正态分布。

②检测点的平面位置和高程中误差计算。

地物点的平面中误差计算公式为：

$$m_x = \pm \sqrt{\frac{\sum_{i=1}^{n}(X_i - x_i)^2}{n-1}} \tag{6-1}$$

$$m_y = \pm \sqrt{\frac{\sum_{i=1}^{n}(Y_i - y_i)^2}{n-1}} \tag{6-2}$$

$$M = \pm \sqrt{m_x^2 + m_y^2} \tag{6-3}$$

相邻地物点之间间距中误差计算公式为：

$$M_s = \pm \sqrt{\frac{\sum_{i=1}^{n} \Delta S_i^2}{n-1}} \tag{6-4}$$

高程中误差计算公式为：

$$M_h = \pm \sqrt{\frac{\sum_{i=1}^{n}(H_i - h_i)^2}{n-1}} \tag{6-5}$$

3. 质量评定

1) 基本规定

(1) 单位产品质量等级根据得分 N 大小划分：

优级品 $N = 90 \sim 100$ 分；

良级品 $N = 75 \sim 89$ 分；

合格品 $N = 60 \sim 74$ 分；

不合格品 $N = 0 \sim 59$ 分。

(2) 检验批质量判定。

对检验批按规定比例进行抽样，若样本中全部为合格品以上产品，则该检验批判为合格批。

若样本中有不合格产品，则该检验批为一次检验未通过批，应从检验批中再抽取一定比例的样本进行详查。若仍有不合格产品，则该检验批为不合格批。表 6-3 为批量、样本量确定表。

表 6-3 批量、样本量确定表

批　　量	样　本　量
1～20	3
21～40	5
41～60	7
61～80	9
81～100	10
101～120	11
121～140	12
141～160	13
161～180	14
181～200	15
≥201	分批次提交，批次数应最小，各批次的批量应均匀

注：当样本量不小于批量时，则全数检查。

2) 单位产品质量评定方法

单位产品质量评定方法一般有两种,一种是采用百分制表示单位产品的质量水平,另一种是采用缺陷扣分法计算单位产品得分。2009 年发布的《测绘成果质量检查与验收》(GB/T 24356—2009)采用缺陷扣分法。每个单位产品得分预置为 X 分,根据缺陷扣分标准对单位产品中出现的缺陷逐个扣分。单位产品得分计算公式为:

$$N = X - 42i - \frac{12}{T}j - \frac{1}{T}K \tag{6-6}$$

式中:X——单位产品预置得分;

i——单位产品中 B 类错漏个数;

j——单位产品中 C 类错漏个数;

K——单位产品中 D 类错漏个数;

T——错漏扣分值调整系数。

生产单位最终检查质量评定时,X 预置得分为 100 分。验收单位进行质量核定时,X 预置得分根据生产单位最终检查评定的质量等级取其最高分,即优级品、良级品、合格品分别为 100、89、74 分。

4. 检查、验收报告

检查报告编写应包含以下几项内容:任务概况、检查工作概况、技术标准、检查存在的主要质量问题及处理意见、遗留问题、精度统计和质量综述、附图、附表等。

(1)任务概况应描述任务来源、区域、比例尺、数量、任务情况等内容。

(2)检查工作概况应描述检查过程,内容包括检查人员的数量、检查人员的情况、外检的样本数量和比例、检查的内容和检查的实施等。

(3)技术标准指的是设计书中引用的技术标准、规范、设计书和设计补充、变更文件等。

(4)检查存在的主要质量问题及处理意见,主要指野外和室内检查中发现主要成果质量的问题并提出处理意见。

(5)遗留问题指的是检查中发现的对成果质量有重大影响而无法解决的问题,如由于单位、院落、军事禁区因多种原因无法进行施测。

(6)精度统计和质量综述应包含图根控制精度统计、平面精度检测、高程精度监测、相对位置精度检测、成果质量评定和各质量等级比例。通过上述精度统计分析,对检查成果进行全面质量描述。

(7)附图、附表包含成果质量评定图、仪器鉴定书、各类精度检测表格等。

验收报告编写应包含以下几项内容:验收工作概况(包括仪器设备和人员组成情况)、验收的技术依据、验收中发现的主要问题及处理意见、质量统计(含与生产单位检查报告中质量统计的变化及其原因)、验收结论、其他意见及建议等。

测绘产品的检查验收是对测绘产品最终质量的评价,作为一名测量人,在数字测图过程中必须明确各工序、各岗位的职责,以作业过程质量、工作质量确保数字测图产品质量。

任务6.2 数字测图技术总结

◎思考

1.数字测图技术总结是怎样分类的?
2.数字测图技术总结的程序和方法是什么?
3.数字测图技术总结的主要内容包括哪些?

6.2.1 技术总结的目的

在数字测图任务完成后,通常要进行技术总结工作。

测绘技术总结是测绘项目完成后,对技术设计书和技术标准的执行情况、技术方案、作业方法、新技术应用、成果质量和主要问题的处理所进行的分析研究与认真总结,以及做出的客观评价与说明,它有利于生产技术和理论水平的提高,为其他工程项目积累经验,为科学研究积累资料。

测绘技术总结是与测绘成果有直接关系的技术文件,是永久保存的重要技术档案。

技术总结分为项目技术总结和专业技术总结。

项目技术总结是指一个测绘项目在其成果验收合格后,对整个项目所做的技术总结,由承担任务的生产管理部门负责编写。

专业技术总结是指项目中各主要测绘技术专业所完成的测绘成果,在最终检查合格后,分别撰写的技术总结,由生产单位编写。

工作量小的项目可合并编写,由承担任务的生产管理部门负责编写。

编写技术总结的目的:

(1)进一步整理已完成的作业成果,使其更加完备、准确和系统化;

(2)对各项成果资料加以说明和鉴定,便于有关部门利用;

(3)为测绘生产和科学研究提供有关数据和资料;

(4)通过总结经验,进一步提高作业的技术水平和理论水平。

6.2.2 技术总结的程序和方法

编写技术总结的目的是：进一步整理已完成的作业成果；对各项成果资料加以说明和鉴定，便于有关部门利用；进一步提高作业的技术水平和理论水平。要达到这样的目的，必须按照规定的程序，选择正确的方法进行技术总结。

编写技术总结的程序和方法：

(1)当项目的控制测量和碎部测量工作结束后，由作业单位编写外业技术总结和内业技术总结，并随成果、成图资料一并交给验收单位；

(2)技术总结应以工程项目为单位，按专业分别编写；

(3)综合性的作业单位一般按专业编写，当不太大和工作性质简单时，也可编写综合性技术总结；

(4)编写技术总结时，应广泛收集资料，进行综合分析，作业单位认为有必要时，可以规定其所属队或作业组按统一要求编写技术报告或技术总结，作为单位编写技术总结的原始资料。

6.2.3 技术总结的主要内容

1.概述

简述任务来源、目的，测图比例尺，生产单位，作业起止日期，任务安排概况；测区名称、范围，行政隶属，自然地理特征，交通情况，困难类别；作业技术依据，采用的基准、系统、比例尺、等高距，投影方法，图幅分幅与编号方法及完成的图幅数量(附小比例尺测区略图)；计划与实际完成工作量的比较，作业率的统计；新技术、新方法、新材料的采用情况。

2.已有成果资料的利用和说明

已有成果资料的利用和说明包含两个方面：资料的来源和利用情况及主要问题与处理。

(1)资料的来源和利用情况包含作业单位、施测时间和依据的标准、比例尺、等高距、成图方法、图幅数量、成图精度、接边情况；利用已有平面控制网的名称、等级，采用的坐标系统和精度，并附略图标明点的密度和分布情况；利用已有水准点的名称、等级，采用的高程系统和精度；已有控制点标志的埋设和保存状况。

(2)主要问题与处理：简述资料中存在的主要问题与处理方法。

3. 控制测量

控制测量包含平面控制测量、高程控制测量和内业计算。

(1)平面控制测量：采用的平面坐标系统、投影带和投影面，作业技术依据及执行情况，首级控制网及加密控制网的等级、起始数据的配置、加密层次及图形结构、点的密度，使用的仪器设备、觇标和标石情况，施测方法，观测权数与测回数，记录方法及记录程序来源，出现的问题和处理方法等。

(2)高程控制测量：采用的高程系统，作业技术依据及执行情况，首级高程网及加密网的网形、等级、点位分布密度，使用的仪器、标尺、记录计算工具等，埋石情况，施测方法，视线长度(最大、最小、平均)及它距地面和障碍物的距离，重测测段和数量等。

(3)内业计算：使用的软件来源、审查或验算结果，平差计算方法及各项限差与实际测量结果的统计、比较，外业检测情况及精度分析等。

4. 测图作业方法、质量和有关技术数据

这部分内容包含设备及检校、图根控制测量、数字测图、内业编辑及成图情况、精度分析五个方面。

(1)设备及检校：使用的仪器、主要设备与工具及其检校情况。

(2)图根控制测量：说明施测方案、作业方法和各类图根点的布设，标志的设置，观测使用的仪器和方法，各项限差与实际测量结果的比较，并根据测图范围大小附较小比例尺的控制点图。

作业的质量情况，并附控制测量精度统计表；作业中所遇到的问题和处理情况。

(3)数字测图：测图方法，仪器型号、规格和特性，外业采集数据的内容、密度，记录的特征，数据处理，图形处理所用软件和成果输出的情况等。

(4)内业编辑及成图情况：采用的方法和使用的仪器、软件简介，作业质量情况，地物、地貌的综合取舍情况，接边情况和接边中发现的问题及处理情况，分幅情况及数据格式转换情况，作业中遇到的问题及处理情况。

(5)精度分析：测图精度的统计、分析和评价，检查验收情况，存在的主要问题及处理结果等。

5. 工程的经济指标统计

投入的人力、物力、总工日，完成的工作量、劳动生产率，完成任务的经济效益情况。

6. 技术结论

(1)对本项目成果质量、设计方案和作业方法等的评价。

(2)重大技术遗留问题的处理意见。

7. 经验、教训和建议

(1)作业过程中遇到的主要问题和特殊情况,采取的处理措施及其效果,并对今后生产提出改进意见。

(2)技术设计书、作业方法及组织措施等方面存在的不足,提出的改进意见和建议。

(3)新技术、新方法、新材料应用的经验、教训。

8. 附图、附表

利用的已知资料清单,图幅分布和质量评定图,平面、高程控制点分布略图,成果质量统计表,上交测绘成果清单及其他。

◎ 思考题

1. 什么是质量控制?
2. 数字测图技术总结怎么分类?
3. 数字测图技术总结的程序和方法是什么?
4. 数字测图技术总结的主要内容是什么?

项目 7　数字地形图的应用

教学目标

本项目通过数字地面模型的建立与应用、基本几何要素的量测、断面图的绘制和土石方工程量的计算等任务的学习,要求学生理解数字地面模型的建立与应用原理、掌握数字地形图在工程建设中的应用、了解数字地形图在其他方面的应用。

思政目标

本项目主要通过数字地面模型的建立与应用、基本几何要素的量测、断面图的绘制和土石方工程量的计算,由理论到实践,帮助学生树立探索真理、勇于实践、勇于求真、实事求是的工作作风。

任务 7.1　数字地面模型的建立与应用

◎思考

1. 数字地面模型的特点是什么?
2. 数字地面模型的建立过程是怎样的?
3. 数字地面模型可应用在哪些领域?

7.1.1　概述

数字地形图在国民经济建设、国防建设和科学研究的各个方面发挥着越来越大的作用,利用数字地形图能很好地完成过去用纸质地形图进行的各种量测工作,可以很容易地获取各种地形信息,还可以很方便地制作各种专业用图。利用数字地形图,可以建立数字地面模型(DTM),利用 DTM 可以绘制等高线地形图、地形立体透视图、地形断面图,确定汇水范围和计算面积,确定场地平整的填挖边界和计算土石方量等。

数字地面模型 DTM 是 Miller 教授于 1956 年提出的,是一个用于表示地面特征的空间分布的数据阵列。最常用的是用一系列地面点的平面坐标 X、Y 以及该点的高程 Z 或属性组成的数字阵列,来表示实际地形特征的空间分布,是地形属性特征的数字描述。

DTM 是带有空间位置特征和地形属性特征的数字描述,包含地面起伏和属性两个含义。当 DTM 中地形属性为高程时,称 DEM 模型,即数字高程模型。DEM 模型是 DTM 模型的一种特例。

1. DTM 的特点

(1)地形数据经过计算机软件处理后,可根据应用需求生成各种比例尺的纵横断面图和立体图等,以多种形式显示地形信息。

(2)DTM 采用数字媒介,图形采用 DTM 直接输出,精度不会损失,能保持不变。

(3)由于 DTM 是数字形式,所以增加或改变地形信息只需将修改信息直接输入计算机,经软件处理后立即可产生实时化的各种地形图,容易实现自动化和实时化。

2. DTM 的数据结构

DTM 是由离散数据点构造生成的,最初在构造 DTM 时多采用离散点结构,这种结构只包含了分块、分类存储的离散点坐标和某些断裂线,如房屋边线、陡坎等地物的连接信息。这是一种最简单的结构,实际上很少采用。

目前常用的数据结构是网格结构,它在等高线和断面图的绘制中广泛应用,即将离散点连成多边形格网。多边形格网可分为规则格网和不规则格网。

1)规则矩形格网

如图 7-1 所示,规则格网结构是将离散的原始数据点依据插值算法求算出规则形状的节点坐标,将每个节点坐标有规律地放在 DTM 中。

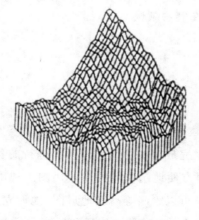

图 7-1 规则矩形格网

最常用的规则格网结构是矩形格网,矩形格网表达式为式(7-1)、式(7-2)。航测内业一般按格网结构进行采点。

$$X_i = X_0 + iD_x (i = 0, 1, \cdots, N_{X-1}) \tag{7-1}$$

$$Y_i = Y_0 + jD_y (j = 0, 1, \cdots, N_{Y-1}) \tag{7-2}$$

规则格网数据模型的优点:

(1)数据结构简单,算法实现容易,便于空间操作和存储,尤其适合用在栅格数据结构的 GIS 系统中。

(2)容易计算等高线、坡度、坡向,自动提取地域地形等。

规则格网是 DEM 最广泛使用的格式。目前,很多国家以规则格网的数据矩阵作为 DEM 提供方式。

规则格网数据模型的缺点:

(1)数据量大,通常采用压缩存储。无损压缩存储,如游程编码、链码、四叉树编码;有损压缩存储,如离散余弦、小波变换。

(2)不规则的地面特性与规则的数据表示之间本身就不协调。它对不同地形采用一律平等的规则格网,不利于表示复杂地形。

2)不规则三角网 TIN

如图 7-2 所示,不规则格网结构是以原始数据的坐标位置作为网格的节点,组成不规则形状格网。在实际作业时,由于受观测手段所限,或专业要求,在实际中获取的数据常不是规则格网数据,大多为不规则的离散数据,如地震中观测的地层结构数据、水利中观测的地下水资源数据等。

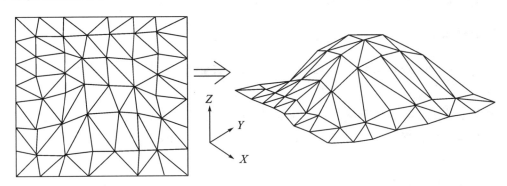

图 7-2 不规则三角网 TIN

在实际应用时,若将按地形特征采集的点按一定规则连接成覆盖整个区域且互不重叠的许多三角形,构成一个不规则三角网 TIN 表示的 DEM,通常称为三角网 DEM 或 TIN。

不规则三角网模型把不规则分布的数据点,按优化组合的方法,生成连续的三角形面来逼近地面的地形表面,使每个离散点为三角面的顶点,即 TIN 将区域内有限的点集划分为相连的三角面网。

不规则三角网模型的优点：

(1)克服栅格数据中的数据冗余问题；

(2)表示地面形态效率高，数据精度高。它能较好地表示地性线，充分表示复杂的地形特征，适应起伏不同的地形。

不规则三角网模型的缺点：

(1)算法实现复杂，形成三角网方法不同就有不同算法；

(2)对特殊的地性线要调整。

大比例尺数据高程模型通常采用能表示地性线的不规则三角网，以便较精确地显示小区域地形特性。小比例尺数据高程模型通常可采用规则格网模型，以显示大区域宏观地形特性。

利用数字地面模型可以绘制等高线地形图、地形断面图等。只有掌握其特点和数据结构等相关概念，才能为后续的数字地面模型的建立和应用打好基础。

7.1.2 数字地面模型的建立

数字地面模型的建立

数字地面模型主要由计算机程序来实现，由多个离散数据构造出相互连接的网络结构，以此作为DTM的基础。建立DTM有各种方法，一般建立区域的数字地面模型是在该区域内采集相当数量可表达地形信息的地形数据来完成的。

数字地面模型的建立要经过数据获取、数据预处理以及构建数字模型三个阶段。

1. 数据获取

为了建立DEM，必须量测一些点的三维坐标，被量测三维坐标的这些点称为数据点或参考点。

数据点是建立数字高程模型的控制基础，模拟地表面的数学模型函数关系式的待定参数就是根据这些数据点的已知信息（X、Y、Z）来确定的。获取这些参考数据点的方法很多，主要有以下几种：

(1)地面测量：对小范围的大比例尺（如大于1∶5000）的DEM数据，利用自动记录的测距经纬仪（常称为电子速测经纬仪或全站仪）在野外实测。

(2)现有地图数字化：主要用比例尺不大于1∶10000的国家近期地形图为数据源，从中量取等密度地面点集的高程数据，建立DEM。数据采集通常用手工、数字化仪及扫描仪。

手扶跟踪数字化仪的优点是容易处理，缺点是速度慢、人工劳动强度大。

扫描数字化仪的优点是速度快又便于自动化,但获取的数据量很大且处理复杂。

(3)空间传感器:利用 GPS、雷达和激光测高仪等进行数据采集。

数字摄影测量的 DEM 数据采集方式有以下几种:

沿等高线采样:图 7-3 所示为沿等高线采样,沿等高线采样可按等距离间隔记录数据或按等时间间隔记录数据方式进行。

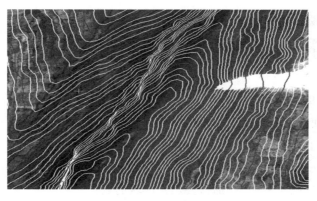

图 7-3　沿等高线采样

规则格网采样:图 7-4 所示为矩形格网,该方法的优点是方法简单、精度较高、作业效率也较高,缺点是特征点可能丢失。

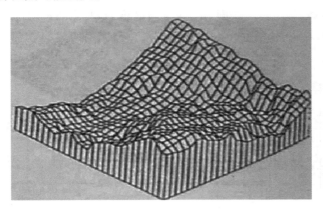

图 7-4　矩形格网

沿断面扫描:获取数据的精度比其他方法要差,特别是在地形变化趋势改变处,常常存在系统误差。

渐进采样:先按预定的比较稀疏的间隔进行采样,获得一个较稀疏的格网,然后分析是否需要对格网加密。

选择采样:为了准确地反映地形,可根据地形特征进行选择采样,这种方法获取数据尤其适合于不规则三角网 DEM 的建立。

混合采样:可将规则采样与选择采样结合起来进行,即在规则采样的基础上再进行沿特征线、点的采样。

自动化 DEM 数据采集:利用数字摄影测量工作站进行自动化的 DEM 数据采集。按影像上的规则格网利用数字影像匹配进行数据采集。若利用高程直接求解的影像匹配方法,也可按模型上的规则格网进行数据采集。

2. DEM 数据预处理

DEM 数据预处理包括数据格式的转换、坐标系统的转换、数据的编辑、数据分块等内容。

(1)格式转换:由于采集数据所存储格式包括数据内容、数据类型等各异,因此必须进行数据格式转换,使数据成为自己所要的格式。

(2)坐标转换:有时采集数据要进行坐标系转换,如将像片坐标转换成大地坐标。

(3)数据编辑处理:任何数据获取后总要编辑,编辑过程通常是一种交互过程,主要包括剔除错误的、过密的、重复的点;加密要加密区域的点。

(4)数据分块:由于采集数据的不同,数据常具有不同排列顺序,如利用地形图采集的等高线数据通常按条采集和存储,而对等高线进行区域插值时要用待插点周边的数据为依据,为迅速查询到待插点周边的数据,需要将数据重新分块存储,分块方法通常是将整个区域分成等间隔的格网,每个格网之间有一定的重叠度,相互之间可用链指针连接。

如图 7-5 所示,在内插 DEM 时,待定点常常只与周围的数据点有关,为了迅速地查找到所需要的数据点,必须将其进行分块。

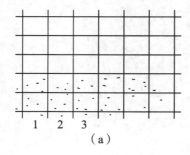
(a)

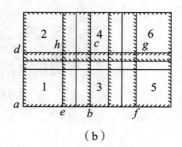
(b)

图 7-5 数据分块

DEM 内插就是根据参考点上的高程,求出其他待定点上的高程,包含整体函数内插、局部函数内插两种方法。

3. 构建数字模型

对非规则离散分布的特征点数据,可以建立各种非规则网的 DEM,最简单的是不规则三角网。三角网数字地面模型的构建应尽可能保证每个三角形是锐角三角形或三边的长度近似相等,避免出现过大的钝角和过小的锐角。

角度判断法建立不规则三角网是当已知三角形的两个顶点(即一条边)后,利用余弦定理计算备选第三个顶点的三角形内角的大小,选择最大者对应的点为该三角形的第三个顶点。其示意图如图 7-6 所示,表达式如式(7-3)、式(7-4)所示。

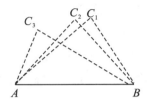

图 7-6 角度判断法建立不规则三角网示意图

$$\cos\angle C_i = \frac{a_i^2 + b_i^2 - c^2}{2a_ib_i} \tag{7-3}$$

$$\angle C = \max\{\angle C_i\} \tag{7-4}$$

三角形的扩展:依次对每一个已生成的三角形新增加的两边,按角度最大的原则向外进行扩展,并进行是否重复的检测。

向外扩展的处理:若从顶点为 $P_1(X_1,Y_1)$, $P_2(X_2,Y_2)$, $P_3(X_3,Y_3)$ 的三角形之 P_1P_2 边向外扩展,应取位于直线 P_1P_2 与 P_3 异侧的点。

泰森多边形与狄洛尼三角网:区域 D 上有 n 个离散点 P_i,若将 D 用一组直线段分成 n 个互相邻接的多边形,且满足每个多边形内含且仅含一个离散点;D 中任意一点 P' 若位于 P_i 所在的多边形内,则满足如式(7-5)所示条件,若 P' 在所在的两多边形的公共边上,则满足如式(7-6)所示条件的多边形称为泰森多边形;用直线段连接每两个相邻多边形内的离散点而生成的三角网称为狄洛尼三角网。

$$\sqrt{(X'-X_i)^2+(Y'-Y_i)^2} < \sqrt{(X'-X_j)^2+(Y'-Y_j)^2} \quad (j \neq i) \tag{7-5}$$

$$\sqrt{(X'-X_i)^2+(Y'-Y_i)^2} = \sqrt{(X'-X_j)^2+(Y'-Y_j)^2} \quad (j \neq i) \tag{7-6}$$

7.1.3 数字地面模型的应用

目前,数字地面模型已作为空间数据库的实体,为地理信息系统空间分析和决策提供基础数据。数字地球的提出,为数字地面模型的应用开辟了更广阔的领域。

数字地面模型的应用

在以信息系统分析为依据进行规划和决策时,十分重视地表属性的三维特征,诸如高度、坡度、坡向等重要的地貌要素,并使这些要素成为生产应用中的基础数据,它们可以广泛地应用在多个领域。

数字地面模型在各个领域的应用是以如下几个应用为基础的。

1. 绘制等高线图

以基于矩形格网 DEM 绘制等高线为例,从矩形格网某个单元的边开始,利用格网数据结构存储的格网节点信息及附加的格网单元结构信息生成等高线。

对于数字测图,一般可通过增加高程注记的方法,以提高整个图幅的高程精度。所需高程点可以通过高程注记点或通过格网模型内插求得。

等高线生成以后,需要注意以下几点:曲线应通过已知的等高线点(称为节点);曲线在节点处光滑,即其一阶导数(或二阶导数)是连续的;相邻两个节点间的曲线没有多余的摆动;同一等高线自身不能相交。

2. 绘制地面晕渲图

晕渲图是 DEM 地表形态表达的一种形式,它通过设置光源的高度角和方位角以更形象或者更符合人类视觉的方式展示一个地区的地形。晕渲图可以很好地反映地形地势的变化,有很好的立体感,方便用图者使用。

随着数字地图处理技术的发展,利用 DEM(数字高程模型)数据作为信息源,以地面光照通量为依据,计算相应栅格所输出的灰度值,灰度(明亮程度)的变化使其具有相当逼真的立体效果。

3. 绘制坡度图与坡向图

坡度和坡向是两个互相联系的参数。坡度反映斜坡的倾斜程度,是水平面与地表之间的正切值;坡向反映斜坡所面对的方向,按从正北方向起算的角度测量。

坡度和坡向的计算通常使用 3×3 的网格窗口,每个窗口中心为一个高程点。窗口在 DEM 数据矩阵中连续移动后完成整幅图的计算工作。

利用不同的算法计算出各地表单元的坡度后,可对坡度值进行分类,使不同类别与显示该类别的颜色或灰度对应,即可得到坡度图。在计算出每个地表单元的坡向后,可制作坡向图。

4. 绘制地形剖面图

根据工程设计的路线,只要知道剖面线在 DEM 中的起点位置和终点位置,就可以唯一地确定其与 DEM 格网的各个交点的平面位置和高程,以及剖面线上相交点之间的距离,然后按选定的垂直比例尺和水平比例尺,按距离和高程绘出地形剖面图,如图 7-7 所示。

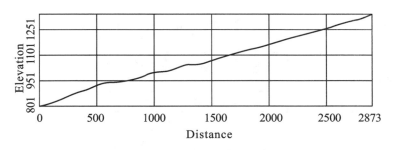

图 7-7 地形剖面图

如图 7-8 所示,剖面线端点的高程按求单点高程的方法计算,剖面线与 DEM 格网的交点高程可采用简单的线性内插法计算。

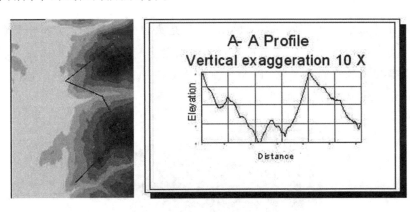

图 7-8 剖面线

5. 绘制三维透视立体图

与采用等高线表示地形形态相比,透视立体图能更好地反映地形的立体形态,更接近人们的直观视觉。例如:局部放大,改变高程值的放大倍率以夸大立体形态;改变视点的位置以便从不同的角度进行观察,甚至可以使立体图形转动,使人们更好地研究地形的空间形态。

地面模型透视图制作流程如图 7-9 所示。

6. 绘制三维地形立体图

随着计算机技术和测绘技术的发展,如利用数字地形图加上楼高等数据,可以实现地面地形的立体三维图形,形象逼真地表现客观现实,为地形图的识图、用图、普及应用带来极大的方便。

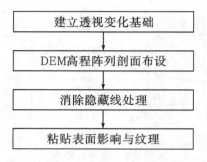

图 7-9　制作地面模型透视图基本流程

7. DEM 水文分析

从 DEM 中生成的集水流域和水流网格数据,是大多数地表水文分析模型的主要输入数据,表面水文分析模型用于研究与地表水流有关的各种自然现象,如洪水水位及泛滥情况,或者划定受污染源影响的地区,以及预测改变某一地区的地貌对整个地区将造成的后果等。流域、分水线、汇流区域如图 7-10 所示。

图 7-10　流域、分水线、汇流区域

流域是指流经其中的水流和其他物质从一个公共的出水口排出,从而形成一个集中的排水区域。

汇水面积是指从某个出水口流出的河流的总面积。出水口即流域内水流的出口,是整个流域的最低处。流域间的分界线即为分水岭。

地表的物理特性决定了流经它上面的水流的特性,同时水流的流动将反过来影响地表的特性。对地表影响最大的水流特性为水流的方向和速度。水流方向由地表上每一点的方位决定。水流能量由地表坡度决定,坡度越大,水流能量也越大。当水流能量增加时,它携带更多的和更大泥沙颗粒的能力也相应增加,因此更陡的坡度意味着对地表更大的侵蚀能力。

因此,水文分析的关键在于确定地表的物理特征,然后在此特征上再现水流的流动过程,最终完成水文分析过程。

流域分析通常应用于自然资源管理和规划、得到水文要素、洪水预报与融雪径流模型等。

8. 剖面面积计算

根据工程设计的线路,可计算其与 DEM 各格网边的交点 $P_i(X_i,Y_i,Z_i)$,从而得到线路剖面积公式:

$$S = \sum_{i=1}^{n-1} \frac{Z_i + Z_{i+1}}{2} D_{i,i+1} \tag{7-7}$$

式中:n 为交点数;$D_{i,i+1}$ 为 P_i 与 P_{i+1} 之间的距离。

9. 体积计算

DEM 体积由四棱柱(无特征的格网)与三棱柱体积累加得到,四棱柱体上表面用抛物双曲面拟合,三棱柱体上表面用斜平面拟合,下表面均为水平面或参考平面,计算公式分别为:

$$V_3 = \frac{Z_1 + Z_2 + Z_3}{3} S_3 \tag{7-8}$$

$$V_4 = \frac{Z_1 + Z_2 + Z_3 + Z_4}{4} S_4 \tag{7-9}$$

式中 S_3 与 S_4 分别是三棱柱与四棱柱的底面积。

根据两个 DEM 可计算工程中的挖方、填方及土壤流失量。

10. 表面积计算

对于含有特征的格网,将其分解成三角形;对于无特征的格网,可由 4 个角点的高程取平均即中心点高程,然后将格网分成 4 个三角形。

由每一三角形的三个角点坐标(x_i,y_i,z_i)计算出通过该三个顶点的斜面内三角形的面积,最后累加就得到了实地的表面积。

任务 7.2 基本几何要素的量测

◎ 思考

利用 CASS 9.0 进行基本几何要素的量测有哪些内容?

目前，用于数字化成图的软件很多，而且大多数具有在工程中应用的功能。本任务针对工程建设对地形信息的需求及量测工作，以南方测绘 CASS 9.0 数字化成图软件中工程应用部分为例，从基本几何要素的查询方面介绍数字地图在工程建设中的应用，以方便读者了解数字地图在工程建设中的基本功能。

地形图的基本几何要素主要包括指定点坐标、两点间距离和方向、任一线段长度、实体面积和表面积等。

7.2.1 求图上任一点坐标

点击"工程应用"菜单下的"查询指定点坐标"选项，如图 7-11 所示，再点击指定的点位，即可求得该点坐标。

注意系统左下角状态栏显示的坐标是笛卡儿坐标系中的坐标，与测量坐标系中的 x 和 y 的顺序相反，因此，功能查询时，系统命令行显示的是测量坐标。

我们也可以利用右侧屏幕菜单标记某一点的坐标。具体操作是：

点击屏幕菜单"文字注记"的"坐标注记"选项，点击确定后指定要注记的点，捕捉到要注记的点后，拉出来，如图 7-12 所示，即可确定和标记该点的坐标。

图 7-11 "工程应用"菜单

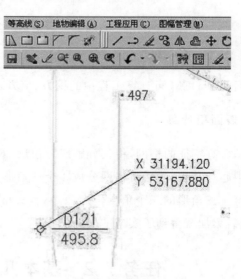

图 7-12 点的坐标注记

7.2.2 求两点间距离与方位角

点击"工程应用"菜单下的"查询两点距离及方位"选项，命令区提示第一点，输入（或者点击)第一点后,命令区就会提示第二点,输入(或者点击)第二点后,命令区即显示出两点的距离和方位角。

7.2.3 求一曲线长

点击"工程应用"—"查询线长",再点取图上要查询的曲线即可得出该曲线的长度。

7.2.4 求面积

点击"工程应用"—"查询实体面积",再点击闭合的边界线,命令区即可显示该区域的面积。应注意的是,实体应该是闭合的,边界线一定要是复合线。

7.2.5 计算表面积

对于不规则地貌,其表面积很难通过常规的方法来计算,可以通过建模的方法来计算。系统通过DTM建模,在三维空间内将高程点连接为带坡度的三角形,再通过每个三角形面积累加得到整个范围内不规则地貌的面积。图7-13所示是一个计算矩形范围内地貌的表面积的事例。

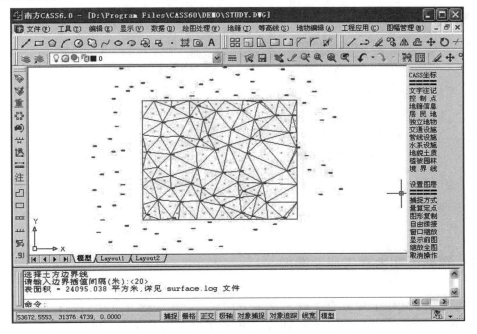

图7-13 计算表面积

其操作过程如下。

点击"工程应用"—"计算表面积"—"根据图上高程点",命令区提示:

请选择:(1)根据坐标数据文件(2)根据图上高程点:(选2后回车)

选择土方边界线(用拾取框选择图上的复合线边界)

请输入边界插值间隔(米):<20>(输入在边界上插点的密度,默认20 m)

表面积=24095.038平方米,详见surface.log文件。前面显示的是表面积计算结果。每个三角形的详细成果自动保存在CASS60\SYSTEM目录下面的surface.log文件里。

另外,计算表面积还可以根据坐标文件来进行,操作的步骤相同,但计算的结果会有差异。因为由坐标文件计算时,边界上内插点的高程由全部的高程点参与计算得到,而由图上高程点来计算时,边界上内插点只与被选中的点有关,故边界上点的高程会影响到表面积的结果。到底用哪种方法计算更合理,这与边界线周边的地形变化条件有关,地形变化越大,选择由图面上高程点来计算更加合理些。

任务7.3 断面图的绘制

断面图的绘制

◎思考

断面图的绘制有哪几种方法?

如图7-14所示,CASS 9.0有"根据已知坐标""根据里程文件""根据等高线""根据三角网"等几种绘制断面图的方法。

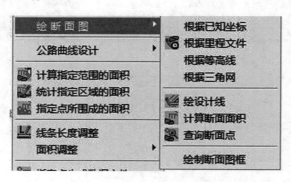

图7-14　CASS 9.0绘制断面图的方法

7.3.1 根据已知坐标生成断面图

首先在数字地图上用复合线画出断面方向线。在CASS 9.0中,执行"工程应用"—"绘断面图"—"根据已知坐标"命令,命令区出现提示"选择断面线",用鼠标点取复合线,弹出"断面线上取值"对话框,如图 7-15 所示。

图 7-15 "断面线上取值"对话框

在"断面线上取值"对话框中,选择"由数据文件生成",点击"坐标数据文件名"下的"▭"按钮,弹出"输入高程点数据文件名"对话框,选择高程点数据文件后,返回"断面线上取值"对话框。如图 7-16 所示,输入采样点的间距(系统默认值为 20 m,采样点间距的含义是复合线上两顶点之间的距离,若大于此间距,则每隔此间距内插一个点);输入起始里程(系统默认起始里程为 0),点击"确定"按钮。

图 7-16 设置"断面线上取值"对话框中的参数

打开"绘制纵断面图"对话框,如图7-17所示,在对话框中,输入横向比例(系统的默认值为1∶500)和纵向比例(系统的默认值为1∶100),指定断面图位置(可以手工输入,亦可在图面上取)。

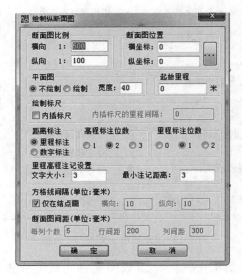

图7-17 "绘制纵断面图"对话框

还可以选择是否绘制平面图、标尺、标注及一些关于注记的设置,点击"确定"后,在屏幕上出现所选复合线的断面图,如图7-18所示。

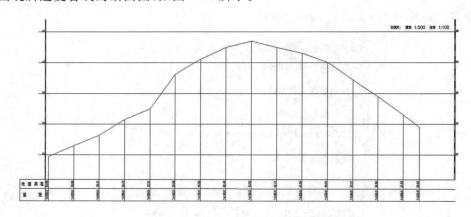

图7-18 根据已知坐标生成的断面图

7.3.2 根据里程文件生成断面图

执行"工程应用"—"绘断面图"—"根据里程文件"命令,如图7-19所示,弹出"输入断面里程数据文件名"对话框（里程文件必须事先编辑好），主要是绘制横断面。

图 7-19　"输入断面里程数据文件名"对话框

在输入断面里程数据文件名对话框中输入断面里程数据文件名，点击"确定"后，弹出图 7-20 所示的"绘制纵断面图"对话框，在该对话框中，输入横向比例和纵向比例，指定断面图位置，点击"确定"后，在屏幕上出现图 7-21 所示的断面图。

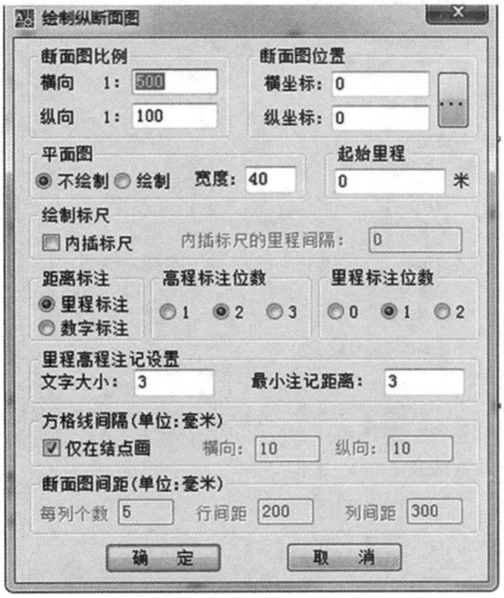

图 7-20　"绘制纵断面图"对话框

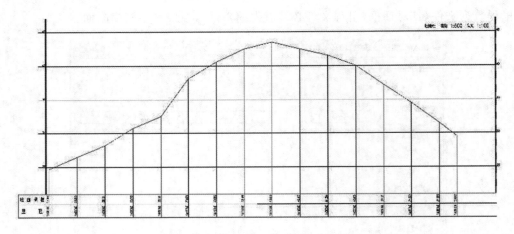

图 7-21 根据里程文件生成的断面图

7.3.3 根据等高线生成断面图

首先在等高线图上用复合线画出断面方向线。在 CASS 9.0 中,执行"工程应用"—"绘断面图"—"根据等高线"命令,命令区出现提示"选择断面线",用鼠标点取复合线,弹出图 7-22 所示的"绘制纵断面图"对话框,在该对话框中输入横向比例和纵向比例,指定断面图位置,点击"确定"后,在屏幕上出现图 7-23 所示的断面图。

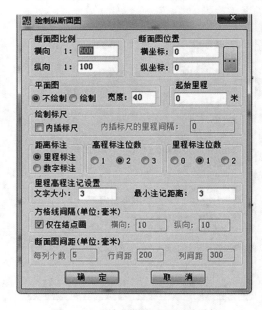

图 7-22 "绘制纵断面图"对话框

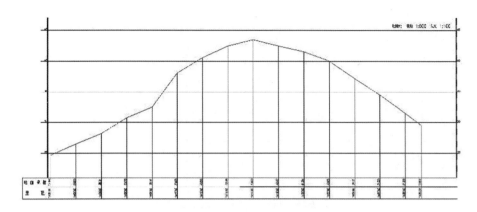

图 7-23 根据等高线生成的断面图

7.3.4 根据三角网生成断面图

首先,在三角网图上用复合线画出断面方向线。在 CASS 9.0 中,执行"工程应用"—"绘断面图"—"根据三角网"命令,命令区出现提示"选择断面线",用鼠标点取复合线,弹出图 7-24 所示的"绘制纵断面图"对话框,在该对话框中输入横向比例和纵向比例,指定断面图位置,点击"确定"后,在屏幕上出现图 7-25 所示的断面图。

图 7-24 "绘制纵断面图"对话框

此外,在"绘断面图"菜单下还有"绘设计线""计算断面面积""查询断面点""绘制断面图框"等命令。

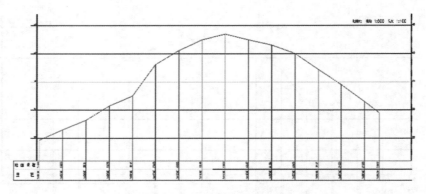

图 7-25　根据三角网生成的断面图

任务 7.4　土方的计算

◎思考

在 CASS 9.0 系统中土方计算有哪几种方法？

如图 7-26 所示，在 CASS 9.0 系统中，计算土方量主要有五种方法，分别是 DTM 法土方计算、断面法土方计算、方格网法土方计算、等高线法土方计算和区域土方量平衡。

7.4.1　DTM 法土方计算

由 DTM 来计算土方量是根据实地测定的地面点坐标 (X, Y, Z) 和设计高程，通过生成三角网，计算每一个三棱锥的填、挖量，最后累计得到指定范围内填方和挖方的土方量，并绘出填、挖方分界线。

用 DTM 计算土方量的方法（见图 7-27）有两种：一种是进行完全计算，它包含重新建立三角网的过程，又分有"根据坐标文件"和"根据图上高程点"两种方法；另一种是依照图上的三角网进行计算，此法直接采用图上已有的三角形，不再重建三角网。

图 7-26　计算土方量的方法

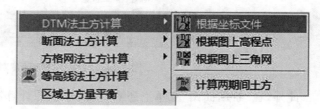

图 7-27　用 DTM 法计算土方量的方法

1. 完全计算

1) 根据坐标文件计算的操作过程

用复合线沿需要计算土方量的区域画出闭合线,注意不要拟合。

执行"工程应用"—"DTM 法土方计算"—"根据坐标文件"命令,命令区提示选择边界线,用鼠标点取所画的闭合复合线,弹出图 7-28 所示的"DTM 土方计算参数设置"对话框。

其中:

区域面积:该值为复合线围成的多边形的水平投影面积。

平场标高:设计要达到的目标高程。

边界采样间距:边界插值间距的设定,默认值为 20 m。

边坡设置:选中"处理边坡"复选框后,坡度设置功能变为可选,选中放坡的方式(向上或向下:平场标高相对于实际地面高程的高低,平场标高高于地面高程,则设置为向下放坡,系统就不能计算向内放坡和向范围线内部放坡的工程量),然后输入坡度值。

设置好计算参数后,点击"确定",命令行显示:"挖方量＝××××立方米,方量＝××××立方米"。

同时创建了三角网、填挖方的分界线(白色线条)和 AutoCAD 信息提示框,如图 7-29 所示。

图 7-28　"DTM 土方计算参数设置"对话框　　图 7-29　"AutoCAD 信息"提示框

关闭提示框后,系统提示:

请指定表格左下角位置:＜直接回车不绘表格＞(用鼠标在图上适当位置点击)

CASS 9.0 会在该处绘出一个表格,包含平场面积、最小高程、最大高程、平场标高、挖方量、填方量和图形,如图 7-30 所示。

2) 根据图上高程点计算的操作过程

首先展绘高程点,然后用复合线沿需要计算土方量的区域画出闭合线,注意不要拟合;

执行"工程应用"—"DTM法土方计算"—"根据图上高程点"命令;命令区提示选择边界线,用鼠标点取所画的闭合复合线。输入边界插值间隔,设定的默认值为20 m;根据实际需要在提示中进行选择,选"1"则选取高程点的边界,选"2"再键入"ALL"将选取图上所有绘出的高程点。在提示中输入场地平整标高(即设计高程),如图7-31所示,屏幕上即显示填、挖土方量和填、挖土方的分界线。

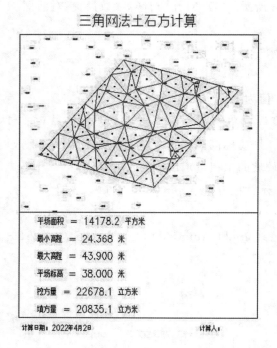

图7-30 CASS 9.0 绘出的表格　　　　图7-31 CASS 9.0 绘出的表格

2. 根据图上三角网计算

对上述用完全计算功能生成的三角网进行必要的添加和删除,使结果符合实际地形。

选择"工程应用"—"DTM法土方计算"—"根据图上三角网"命令;在提示"平场标高"后输入平整后的目标高程,用鼠标在图上选取三角形,一般是拉对角线批量选取。如图7-32所示,屏幕上显示填、挖土方量和填、挖土方的分界线。

7.4.2 断面法土方计算

当地形复杂、起伏变化较大或地块狭长、挖填深度较大,断面又不规则时,宜选断面法进行土方量计算。图7-33为线路的测量断面图形,利用横断面法计算土方量时,可根据

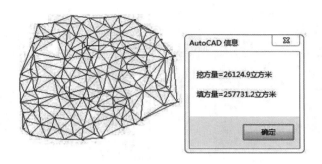

图 7-32 "AutoCAD 信息"提示框

线路长度,一般采用按一定的间距 L 截取平行的断面,计算出各横断面的面积 $S_1,S_2,\cdots,S_i$,然后用梯形公式计算出总的土方量。

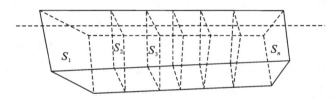

图 7-33 断面法土方计算

断面法计算土方量的公式为:

$$V = \sum_{i=2}^{n} V_i = \sum_{i=2}^{n} \frac{(S_{i-1}+S_i)L}{2} \tag{7-10}$$

式中:S_{i-1}、S_i——第 i 单元线路起终断面的填(挖)方面积;

  L——间隔长;

  V_i——填(挖)方体积。

断面法土方计算主要用在线路土方计算和区域土方计算,对于特别复杂的地方,可以用任意断面设计方法。CASS 9.0 断面法土方计算主要有线路断面、场地断面和任意断面三种计算方法。该法操作比较复杂,下面以道路断面法土方计算为例,简要讲解其主要操作步骤。

1. 选择土方计算类型

执行"工程应用"—"断面法土方计算"—"道路断面"命令,弹出"断面设计参数"对话框,如图 7-34 所示。道路的所有参数都是在这个对话框中进行设置的。

2. 给定计算参数

在"断面设计参数"对话框中输入道路的各种参数。点击"确定"后,打开"绘制纵断面图"对话框,如图 7-35 所示。

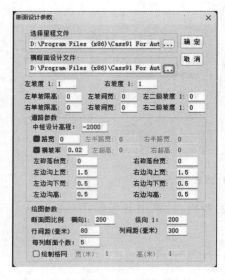

图 7-34 "断面设计参数"对话框

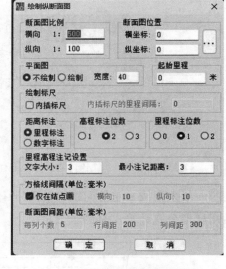

图 7-35 "绘制纵断面图"对话框

在"绘制纵断面图"对话框中输入绘制断面图的横向比例和纵向比例,点击"确定",在屏幕上适当处指定生成的横纵断面图起始位置,即可绘制出道路的横纵断面图。

如果生成的部分断面参数需要修改,可执行"工程应用"—"断面法土方计算"—"修改设计参数"命令,在弹出的"断面设计参数"对话框中可以非常直观地修改相应的参数。修改完毕后点击"确定"按钮,系统取得各个参数,自动对断面图进行修改,实现"所改即所得"。

3. 计算工程量

执行"工程应用"—"断面法土方计算"—"断面土方计算"命令,按命令行提示,选择要计算土方的断面图和指定土方计算表位置,系统自动在图上绘出土石方计算表。

7.4.3 方格网法土方计算

在实际测量工作中,可以在测区按照一定间隔长度建立坐标方格网,然后测量得到各格网点的坐标(X,Y,H)。也可以先测量出地形特征点,然后利用一定的内插算法求取方格点的坐标。根据设计高程计算出每一个正方体的填、挖土方量。最后累计得到指定范围内填方和挖方的土方量,并绘出填、挖方分界线。

在 CASS 9.0 系统中,首先将方格的四个角点上的高层相加(如果角上没有高程点,通过周围高程点内插得出其高程),取平均值与设计高程相减。然后通过指定的方格边长得到每个方格的面积。再用长方体的体积计算公式得到填、挖方量。

方格网法土方计算简便直观,易于操作。方格网法土方计算,适用于地形变化比较平缓的地形情况,用于计算场地平整的土方量较为精确,当测区地形起伏较大时,用此法计算会产生地形代表性误差,造成计算精度偏低。

用方格网法计算土方量,设计面可以是水平的,也可以是倾斜的,还可以是三角网。用复合线画出所要计算土方量的闭合区域,执行"工程应用"—"方格网法土方计算"—"方格网土方计算"命令,然后在"方格网土方计算"对话框进行相应设置,设置界面如图7-36所示,确定后,选择土方计算封闭边界,显示挖方量、填方量。同时在图上绘出所分析的方格网,填、挖方的分界线,并给出每个方格的填挖方,即每行的挖方和每列的填方,结果如图7-37所示。

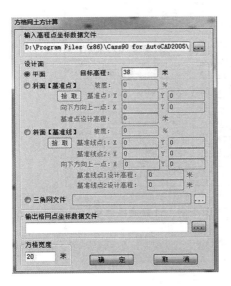

图7-36 "方格网土方计算"对话框

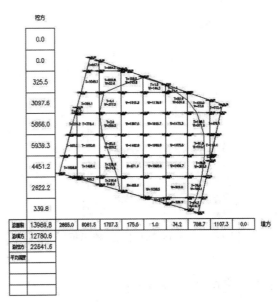

图7-37 方格网土方计算结果

7.4.4 等高线法土方计算

等高线法土方计算

当数字地形图没有对应的高程数据文件时,无法用前面的几种方法来计算土方量,如通常将纸质地形图矢量化后得到电子地图,这种情况下则可采用已有等高线土方计算法来计算土方量。用此方法可计算任意两条等高线之间的土方量,但所选等高线在CASS 9.0软件中要求必须是闭合的,还不能处理任意边界为多边形的情况。如果两条等高线所围面积可求,两条等高线之间的高差已知,则可求出这两条等高线之间的土方量。

执行"工程应用"—"等高线法土方计算"命令,选择对象,输入最高点高程,确定,命令区显示选择参与计算的等高线,显示对话框如图7-38所示,总方量即为此场地的填挖方量。

在屏幕上指定表格左上角位置,系统将在该点绘出计算成果表格,如图 7-39 所示。从表格中可以看到每条等高线围成的面积和两条相邻等高线之间的土方量、相应的面积和两条相邻等高线之间的土方量以及相应的计算公式等。当然,也可以由等高线生成数据文件后再按照前面方法进行计算。

图 7-38　"AutoCAD 信息"提示框

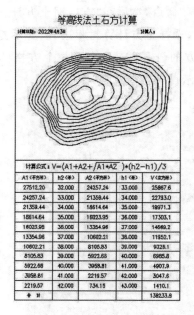

图 7-39　计算成果表格

7.4.5　区域土方量平衡

土方平衡的功能常在场地平整时使用,当一个场地的土方平衡时,挖方量刚好等于填方量。以填、挖方边界线为界限,从较高处挖得的土方直接填到区域内较低的地方,就可以完成场地的平整,这样就可以大大减少运输费用。

计算平整场地的平均高程。在方格网中,一般认为各点的坡度是均匀的,因此各点在格网中的位置不同,它的地面高程所影响的面积也不相同。如果以 1/4 方格为一单位面积,定权为 1,则方格网中各点高程的权分别是:角点为 1,边点为 2,拐点为 3,中心点为 4,如图 7-40 所示。

这样就可以用加权平均值的算法计算整个方格网点的地面平均高程 $H_平$,公式为:

$$H_平 = \frac{\sum P_i H_i}{\sum H_i} \tag{7-11}$$

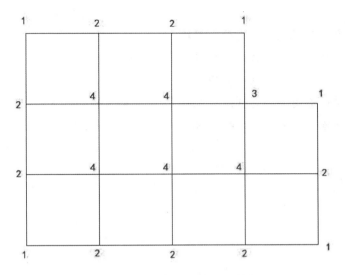

图 7-40 方格网中各点高程的权

式中：H_i——各点的高程；

P_i——各点高程的权。

在 CASS 9.0 软件中的计算步骤：在图上展绘出高程点，用复合线绘出需要进行土方平衡计算的边界，点击"工程应用"—"区域土方量平衡"—"根据坐标文件"或"根据图上的高程点"命令；命令行提示选择计算区域边界，点取第一步所画闭合复合线，显示输入边界插值间隔，回车后弹出图 7-41 所示土方平衡计算结果对话框，也可以生成区域土方平衡计算成果表，如图 7-42 所示。

图 7-41 土方平衡计算结果对话框

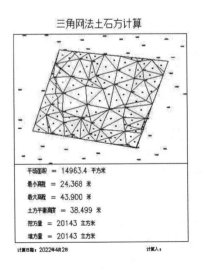

图 7-42 区域土方平衡计算成果表

◎ **思考题**

1. 什么是数字地面模型？它有什么用途？
2. 数字地面模型在各个领域的基础应用有哪些？
3. 如何应用数字地形图绘制断面图？
4. 如何在数字地形图上确定直线的距离、方位角和坡度？
5. 结合南方测绘 CSSS 9.0 软件，说明一种利用数字地形图计算土方量的操作方法。

参 考 文 献

[1] 王正荣,徐晓艳,苏建平.数字测图[M].3版.郑州:黄河水利出版社,2023.
[2] 冯大福.数字测图[M].重庆:重庆大学出版社,2010.
[3] 陈兰兰,李扬杰,罗贤万.数字测图[M].成都:西南交通大学出版社,2022.
[4] 李金生,唐均,王鹏生.数字测图技术[M].成都:西南交通大学出版社,2021.
[5] 刘宗波.数字测图技术应用教程[M].大连:大连理工大学出版社,2019.
[6] 潘正风,杨正尧,程效军,等.数字测图原理与方法[M].武汉:武汉大学出版社,2004.
[7] 谢爱萍,王福增.数字测图技术[M].武汉:武汉理工大学出版社,2012.
[8] 徐宇飞.数字化测图技术[M].郑州:黄河水利出版社,2005.
[9] 中华人民共和国国家标准.1∶500、1∶1000、1∶2000地形图图式(GB/T 20257.1—2017)[S].北京:中国标准出版社,2017.
[10] 中华人民共和国国家标准.1∶500、1∶1000、1∶2000地形图数字化规范(CB/T 17160—1997)[S].北京:中国标准出版社,1998.
[11] 中华人民共和国国家标准.国家基本比例尺地形图分幅和编号(GB/T 13989—2012)[S].北京:中国标准出版社,2012.
[12] 中华人民共和国国家标准.大比例尺地形图机助制图规范(GB 14912—1994)[S].北京:测绘出版社,1994.